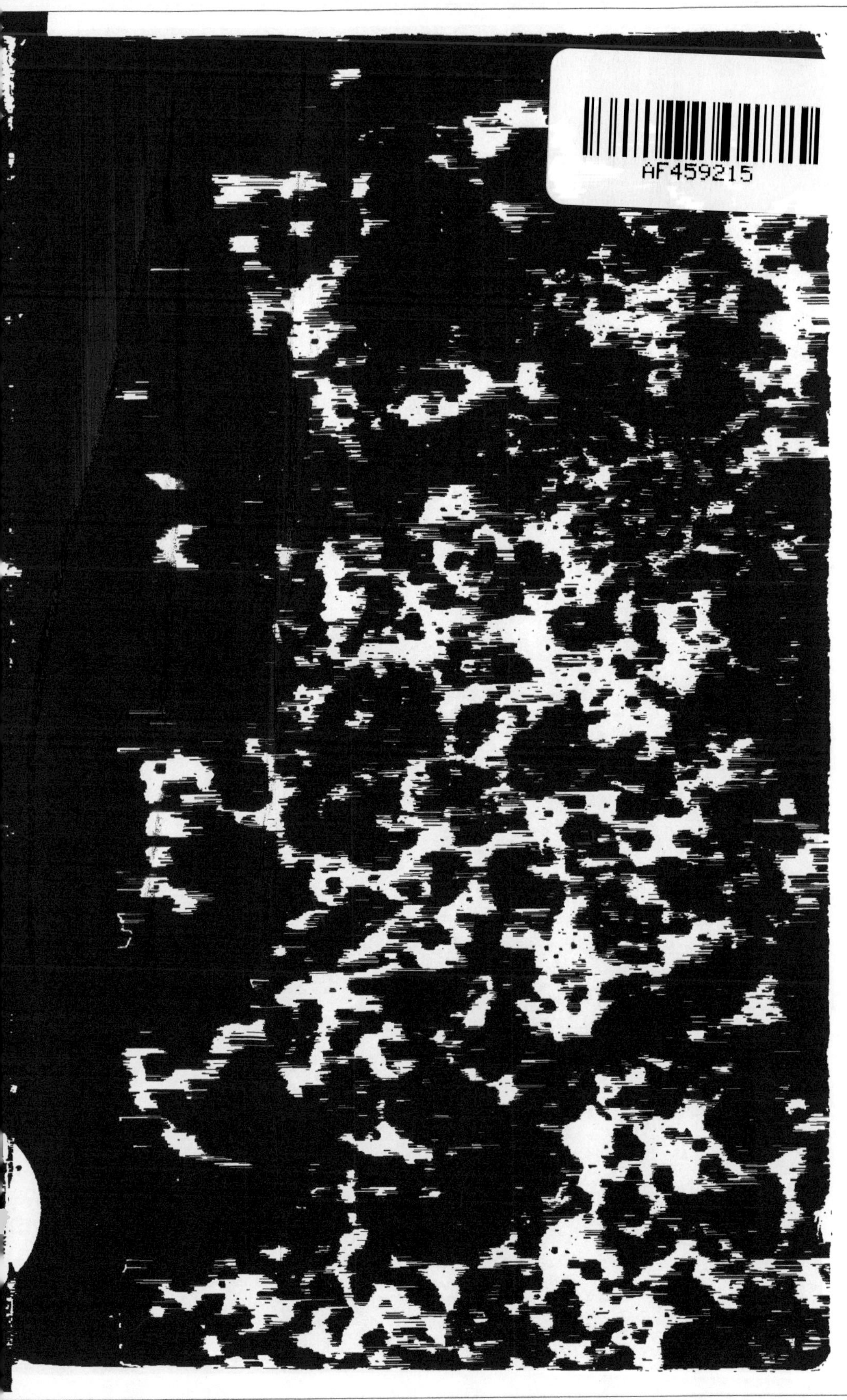

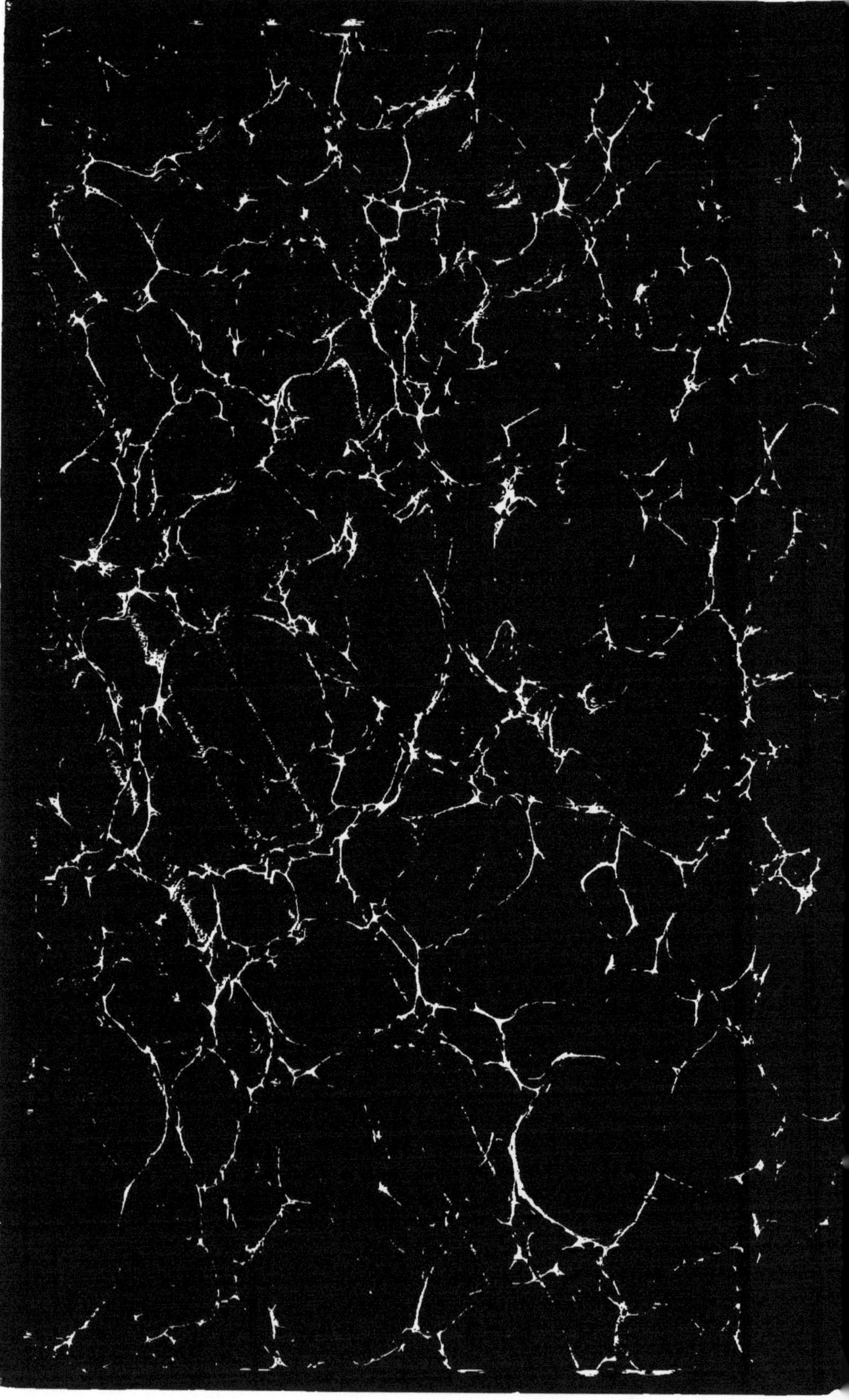

DU MAGNÉTISME
ANIMAL
ET DE SES PARTISANS.

DU MAGNÉTISME ANIMAL ET DE SES PARTISANS,

OU

RECUEIL DE PIÈCES IMPORTANTES

SUR CET OBJET,

Précédé des Observations récemment publiées

PAR A. J. DE MONTEGRE,

Docteur Médecin de la Faculté de Paris, Médecin du Gouvernement pour le Xme Arrondissement, Propriétaire Rédacteur général de la *Gazette de Santé*.

A PARIS,

CHEZ D. COLAS, IMPRIMEUR-LIBRAIRE,

Rue du Vieux-Colombier, N° 26, faub. St.-Germain.

1812.

DU MAGNÉTISME
ANIMAL
ET DE SES PARTISANS.

Les réflexions qu'on va lire ont été publiées dans le *Journal de Paris* les 16 et 19 novembre, et 3 décembre 1812, à l'occasion des articles insérés dans le *Journal de l'Empire*, par M. *H.*, dans les Nos du 8, du 11 et du 13 novembre, en rendant compte d'une brochure intitulée : *Les fous, les insensés, les maniaques et les frénétiques ne seraient-ils que des somnambules désordonnés? par* A. M. J. Chastenet de Puységur, *ancien officier général d'artillerie.*

J'ai pensé que ce serait donner à ces réflexions plus de valeur que de mettre chacun en état de constater tout ce que j'ai rapporté. Les pièces qui s'y trouvent jointes me paraissent les plus importantes de ce singulier procès, et les seules sur lesquelles les personnes raisonnables puissent former leur opinion. Le premier rapport a été copié textuellement sur un exemplaire imprimé à l'imprimerie royale en 1784 ; les deux autres pièces reçoivent leur authenticité de la publicité que leur a donnée M. le Comte Sénateur *François de Neufchâteau*, en les insérant dans le premier volume de son *Conservateur*.

DU MAGNÉTISME ANIMAL.

I.

Un écrivain aimable et très-distingué (1), avoué par le bon goût et par la morale, dont il fut toujours le défenseur, vient, en parlant du dernier ouvrage de M. *de Puységur*, de reprocher formellement aux savans d'avoir gardé sur le magnétisme animal un silence dédaigneux, qui eût été vraiment condamnable, puisque ce système avait pris une grande influence sur l'opinion publique. Le fait est cependant que jamais système ne fut soumis à un examen plus attentif et plus authentique. Jamais des hommes plus éclairés, des esprits plus indépendans ne portèrent sur aucun objet une attention plus sérieuse. Il suffirait sans doute de rappeler les grands noms de *Franklin*, de *Bailly*, de *Lavoisier*, membres tous les trois de la commission chargée d'examiner cette question,

(1) M. *Hoffman*, auteur d'un grand nombre d'ouvrages littéraires, et l'un des rédacteurs du *Journal de l'Empire*.

pour donner une idée du soin et de la sagacité avec lesquels elle fut envisagée. Comme il peut être utile à cette partie du public qui lit surtout les journaux, de connaître les détails de ce procès jugé depuis long-tems, je vais essayer de lui en donner une idée. J'ai lieu d'espérer que la bonté de la cause que je défends compensera une partie des désavantages que peut avoir cet écrit dans le parallèle auquel je l'expose.

Mesmer avait présenté, depuis quatre à cinq ans, le magnétisme animal comme *un moyen de guérir et même de se préserver des maladies* (1). L'enthousiasme avait saisi avec avidité ce système, et la France était couverte de *baquets* et de *convulsionnaires*. La société entière était divisée en magnétiseurs et en magnétisés; toutes les passions prenaient part à cette folie, et comme il était par-tout alors de bon ton de se montrer doué d'une grande sensibilité, on se donnait volontiers l'apparence d'épileptiques de peur de paraître insensibles. Il n'est peut-être pas hors de propos d'observer que le magnétisme animal nous venait de l'Allemagne, pays si fécond en rêveries et dont les

---

(1) Copié textuellement. Voyez le Mémoire de *Mesmer*, publié en 1779.

têtes, ordinairement froides et réfléchies, se montrent, souvent aussi, creuses et pleines de visions, comme nous pourrions en offrir encore aujourd'hui d'éclatans témoignages.

Le 12 mars 1784, le roi nomma, pour faire l'examen du magnétisme animal, MM. *Sallin*, *Darcet*, *Guillotin* et *Majault*, docteurs de la faculté de Paris, et sur la demande de ces Messieurs, leur adjoignit pour cet objet MM. *Franklin*, *Leroy*, *Bailly*, *de Bory* et *Lavoisier*, tous membres de l'Académie royale des Sciences.

Le premier soin des Commissaires fut de prendre connaissance de la théorie et de la pratique du magnétisme animal et d'en constater les effets. La théorie qu'ils examinèrent était tirée toute entière du premier Mémoire publié par *Mesmer*; quant au reste, voici ce qu'ils remarquèrent.

Un nombre plus ou moins grand de personnes des deux sexes, de tous les âges, et dont les femmes formaient communément les deux tiers, se réunissaient en commun dans une grande salle, où elles s'asseyaient en formant un cercle. Au milieu d'elles était un baquet de bois, duquel sortait une multitude de branches de fer coudées et mobiles, dont l'extrémité était appliquée directement sur la partie du corps que l'on supposait malade. Une corde passée autour des magnétisés les unissait et était destinée à établir entr'eux une communication, dont on augmentait la vivacité en accrochant de tems en tems ses pouces à ceux de ses voisins. Au surplus, l'influence de cet appareil était secondée par une musique douce et agréable, soit vocale, soit instrumentale, et sur-tout par les mouvemens d'une baguette de fer que le magnétiseur tenait à la main et dirigeait sur les parties qu'il voulait fortement émouvoir. A ces moyens, les magnétiseurs joignaient encore l'application des mains et la pression des doigts sur les hypocondres et sur les régions du bas-ventre, application quelquefois continuée pendant plusieurs heures. Au bout d'un tems plus ou moins long, la scène s'animait et présentait le spectacle le plus étonnant qu'on puisse se figurer. Quelques-uns des magnétisés commençaient à s'agiter, étaient saisis de convulsions extraordinaires par leur nombre, leur force et leur durée. D'autres avaient de violens accès de toux, au milieu desquels ils crachaient le sang. Il y en avait qui poussaient des cris perçans, qui versaient des pleurs, ou s'abandonnaient à des rires immodérés; et au milieu de tout cela on en voyait conserver le calme le plus profond et paraître en tout étrangers à l'agitation qui régnait autour d'eux. C'était là ce que *Mesmer* et ses partisans nommaient *crise*.

Toutes ces particularités, dont je ne puis donner ici qu'un aperçu, étant bien constatées, nos savans s'occupèrent d'en reconnaître les causes et de rechercher les preuves de l'existence et de l'utilité du magnétisme. Il est évident que la question de l'utilité était subordonnée à celle de l'existence, et que si le magnétisme était reconnu ne pas exister, il ne pouvait assurément être utile.

Sans s'inquiéter d'abord si le fluide magnétique était, selon l'expression de *Mesmer, le moyen de l'influence des corps célestes*, les Commissaires cherchèrent toutes les voies de reconnaître ce fluide au milieu d'eux. Il n'était accessible à aucun sens, et son action prétendue sur les corps animés devenait le seul moyen d'en constater la présence. L'influence de ce fluide sur la marche des maladies était un moyen suspect et sujet à trop de contradictions, puisqu'il n'est personne d'instruit qui ne sache que la nature guérit la plupart des maladies, et que les fonctions du médecin se bornent communément à modérer ou à soutenir ses efforts Le moyen le plus prompt et le plus décisif était de chercher les preuves de l'existence de ce fluide dans ses effets momentanés sur le corps; en s'assurant que ces effets ne pouvaient être dus à aucune autre cause que le magnétisme.

Ce fut d'abord sur eux-mêmes que les Commissaires commencèrent leurs expériences; après avoir toutefois fait la remarque qu'il n'est pas un seul individu dans l'état de la meilleure santé, qui, s'il voulait s'écouter attentivement pendant un certain tems, ne sentît au-dedans de lui une infinité de mouvemens et de variations soit de douleurs extrêmement légères, soit de chaleur, dans différentes parties du corps; et que des résultats aussi communs et aussi indépendans du magnétisme, ne devaient point lui être attribués. Ils eurent une chambre particulière et un baquet séparé, où ils se soumirent une fois par semaine à toutes les pratiques du magnétisme, pendant deux heures et demie à chaque reprise. Aucun d'eux n'éprouva rien que l'on pût avec quelque fondement attribuer à cet agent extraordinaire. Cependant, plusieurs d'entr'eux étaient d'une constitution faible et sujets d'ailleurs à diverses incommodités. Rien, au milieu de ces hommes calmes et réfléchis, ne rappelait les scènes violentes et bizarres qu'ils avaient observées dans le traitement public.

Ils essayèrent ensuite si leur insensibilité diminuerait en allant au baquet pendant plusieurs jours de suite; mais, au bout de trois jours, ils n'avaient pas été plus émus. Ils conclurent de ce premier essai que le magnétisme n'avait aucun effet réel dans l'état de santé, et même dans l'état de légères incommodités habituelles auxquelles plusieurs d'entr'eux étaient assujétis. Alors ils résolurent de faire des épreuves sur des personnes décidément malades, et quatorze, de différens âges, de différens sexes et de différentes conditions, furent soumises à des expériences. Neuf de ces personnes ne sentirent absolument rien ; des cinq autres, deux éprouvèrent des effets si légers et si fugitifs, qu'on ne pouvait raisonnablement en faire honneur au magnétisme ; les trois dernières éprouvèrent seules des effets marqués ; mais ces mouvemens, qui ne s'étaient point manifestés chez les autres malades, et notamment chez une jeune fille en état de convulsion habituelle, parurent aux Commissaires tenir entièrement, d'une part, à l'émotion qu'avaient dû éprouver ces individus, tous les trois de la classe du peuple, en se trouvant soumis aux observations d'une société nombreuse et imposante, et de l'autre, au saisissement que devait leur donner l'espoir de recouvrer la santé par un moyen aussi extraordinaire.

Soupçonnant dès-lors que tous ces effets étaient produits par l'imagination, les commissaires ne tardèrent pas à en avoir la preuve. En magnétisant eux-mêmes, ou en faisant magnétiser par les hommes les plus exercés, des personnes très-sensibles au magnétisme auxquelles on avait bandé les yeux, ils virent que les indications ne répondaient plus aux effets qui auraient dû être produits. Ils constatèrent un grand nombre de fois qu'en faisant croire aux personnes dont les yeux étaient couverts, qu'on les magnétisait, on les faisait tomber en crise, quoiqu'on n'agît alors sur elles en aucune façon; et qu'au contraire, lorsqu'on les magnétisait sans les en prévenir, elles ne ressentaient nul effet. Ces tentatives furent répétées et variées de mille manières, et les sujets les plus susceptibles de crises leur parurent alternativement sensibles ou insensibles, selon qu'ils étaient ou qu'ils n'étaient pas soumis à l'empire de leur propre imagination. Voulant éprouver jusqu'où pouvait aller dans ces cas le pouvoir de l'imagination, ils firent magnétiser un arbre chez *Franklin*, à Passy, par le plus célèbre des élèves de *Mesmer*; un jeune homme, amené par ce magnétiseur lui-même, fut conduit en sa présence, les yeux bandés, auprès de quatre autres arbres fort éloignés du premier, et au dernier il tomba en crise complète. Il en fut de même de l'essai d'une tasse magnétisée: (car, s'il faut en croire les partisans du magnétisme, tous les corps peuvent recevoir et transmettre ensuite le dépôt de cette puissante influence). Dans ce cas, du moins, une autre tasse qui n'avait rien de commun avec la première, mit en crise une femme qui, d'ailleurs, but fort bien, au milieu de sa crise et sans s'en apercevoir, de l'eau qui lui fut présentée dans la tasse magique.

Mais, au milieu de ce récit, il me semble entendre quelque lecteur me demander compte de la gravité avec laquelle je l'entretiens de tels détails. Je dois trouver mon excuse dans l'importance qu'on a donnée à ces folies, et dans la prétention que l'on manifeste aujourd'hui de les réhabiliter parmi nous. Rien n'est d'ailleurs plus vrai que les dangers signalés par M. *H.* Une armée invisible de magnétiseurs manœuvre et se grossit en secret; elle compte dans ses rangs de jeunes médecins dupes de leur bonne foi, et de vieilles têtes infatuées de leurs opinions qu'elles ne soumirent jamais à un examen réfléchi. On y voit des personnes distinguées par leur rang, par leur fortune et par leur moralité, mais dont le jugement est mis en défaut par la prévention ou le manque d'instruction; le reste enfin est pris dans les dernières classes du peuple, et se compose de malheureux moitié dupes, moitié complices d'une erreur qu'ils ne peuvent ou n'osent reconnaître. Je ne pense point, je l'avoue, qu'un seul des coryphées de cette singulière secte soit libre des croyances qu'il publie, et songe uniquement à s'en faire un moyen de célébrité et de considération ; les faibles humains sont tellement assujettis à l'erreur qu'il n'est point nécessaire de les supposer fripons pour s'expliquer leurs égaremens.

Les commissaires terminèrent leur rapport en donnant une explication toute naturelle des faits qu'ils avaient observés et qui étaient dus aux pressions et attouchemens, à l'imagination, et enfin à l'imitation. L'imagination étant au surplus la plus puissante de ces causes, ils finirent en concluant que le magnétisme animal sans l'imagination n'est rien; mais ils ajoutèrent sur-tout que cet art d'exciter des crises ou mouvemens convulsifs est funeste, en ce qu'il tend à augmenter les maladies nerveuses, à les rendre plus durables, et à en porter le germe jusque dans les générations à venir, puisqu'il n'est pas de maladie plus souvent et plus facilement transmise des parens aux enfans. Tel est le précis du rapport le plus imposant qui jamais ait été fait, soit par le caractère de ses auteurs, soit par l'importance des questions qui s'y trouvent agitées. Il me semble qu'on peut sur cela regarder la question comme définitivement jugée, et que puisqu'il n'est pas possible qu'on réunisse à-la-fois plus de lumières et plus de loyauté pour décider dans des circonstances aussi favorablès, ce serait évidemment s'exposer à l'erreur que de prendre sur soi un nouvel examen.

Indépendamment de ce rapport fait pour le public, les illustres commissaires en rédigèrent un et secret, destiné exclusivement pour la personne du roi. Ils entrèrent là dans des discussions qu'ils n'avaient pas cru devoir agiter dans l'autre; ce second rapport, que j'ai entre les mains, était destiné à montrer à l'autorité une autre sorte de danger résultant de l'emploi du magnétisme. J'essaierai d'en faire le sujet de quelqu'autre article; ainsi que d'un dernier mémoire longtems aussi tenu secret, et qui est entièrement relatif aux opérations de M. *de Puységur* lui-même.

II.

Les articles de M. *H*. se succèdent avec rapidité. J'avais espéré que j'aurais quelque tems pour me reconnaître, mais pendant qu'on imprimait la première partie de ma réclamation, les deux derniers articles de M. *H*. ont paru. Ce sont toujours les mêmes reproches, et tout en combattant M. *de Puységur*, il continue avec lui d'accuser les médecins devant le public de ne vouloir pas examiner des faits qui paraissent du moins surprenans. J'ai commencé par prouver combien les savans en corps méritaient peu ce reproche; non-seulement ils ont examiné les faits, mais ils les ont reconnus très-réels; de plus, et c'est là l'important, ils en ont démêlé la véritable cause, et cette cause n'a rien de nouveau ni de magique; c'est uniquement cette enchanteresse à qui nous devons tant de plaisirs et tant de peines, et qui, telle qu'une autre Circé, se laisse dominer par le sage, tandis qu'elle devient la maîtresse dure et impérieuse de l'imprudent qui se livre à elle; c'est l'imagination enfin, qui tantôt nous fait disposer de la volonté d'autrui, et tantôt nous prive de la nôtre, selon qu'elle est mise en mouvement par une intelligence ferme et éclairée, ou selon qu'elle est abandonnée à ses propres caprices. Est-il donc besoin de remettre en question des choses aussi nettement décidées, et l'édifice entier de la raison humaine ne court-il pas sans cesse le risque d'être renversé, s'il en faut ainsi chaque jour examiner les premières assises?

L'histoire de tous les âges, mais particulièrement celle des peuples ignorans, nous présente des tableaux semblables à ceux du magnétisme. L'imagination couvrit en différens tems la terre de prophétesses et de possédés, de revenans et de sorciers. On a divinisé les premières, on exorcisait les autres; il n'y a pas encore longtems qu'on brûlait les derniers ; faut-il aujourd'hui, qu'on n'a plus rien de semblable à craindre, se réduire à leur condition? N'est-il pas entre tous ces excès un juste milieu, et le rôle du sage, parmi tant de folies sans cesse renouvelées sous d'autres noms, ne doit-il pas être de chercher à prémunir ses contemporains contre des erreurs qu'on ne reconnaît plus dès qu'on s'y est une fois abandonné ? n'est-ce pas à lui de montrer aux hommes, dans la même puissance de leur esprit, la cause commune de leur bonheur ou de leur malheur suivant l'usage qu'ils sauront en faire ? Il est certain en effet que si d'un concours unanime on employait pour le bien de notre espèce, la millième partie des efforts et de l'activité que l'on met à l'aveugler ou à la détruire, l'âge d'or ne tarderait pas à reparaître.

On reproche à des médecins et à des naturalistes que M. *de Puységur* a rendu témoins de ses expériences, d'avoir refusé d'en attester les miracles; mais il n'est point indifférent de donner, par la sanction de son nom, de l'authencité, non-seulement à des faits extraordinaires, mais encore aux conséquences bizarres qu'on en tire; car il ne faut pas s'attendre que l'ensemble du public distingue les uns des autres, et toutes les fois qu'un homme connu aura sans nécessité attesté un fait, le grand nombre le supposera complice des explications qui s'y trouveraient ajoutées (1). Voici quelle doit être la conduite d'un médecin ou d'un naturaliste, non séduit, témoin d'une scène de magnétisme; s'il connaît les soins que des hommes d'un profond génie se sont donnés pour en éclaircir les obscurités, il lui sera facile de rapprocher, les convulsions, le somnambulisme, etc., de tout ce qu'il connaît des effets de l'imagination ou des maladies; et dès-lors il n'envisagera ce qui s'offre à ses yeux que comme un spectacle triste, mais dont la première représentation doit être curieuse et intéressante pour celui qui cherche à connaître tous les côtés de l'espèce humaine. Si, au contraire, il ignore ce qu'on a fait à ce sujet, et ce que l'étude des différens tems pouvait lui en apprendre, il demeurera en suspens; et loin de se former aussitôt une opinion arrêtée sur un fait qui, par la manière dont il lui est présenté, ne se lie à rien de ce qu'il a vu jusque-

(1) Depuis que ceci est écrit, l'un de ces médecins, M. *Lullier-Winslow*, docteur de la faculté de Paris et médecin de la légation de Danemarck, a réclamé contre le reproche qu'on faisait à ses confrères, et a déclaré que les témoins avaient refusé de signer le procès-verbal, parce que M. *de Puységur* et la somnambule s'étaient refusés à la moindre épreuve ou expérience proposée par les médecins et naturalistes. (Voyez le *Journal de l'Empire* du 20 novembre 1812.)

là, il étudiera ce fait dans diverses conditions; il cherchera à en analyser toutes les circonstances; et conduit par l'esprit d'observation qui caractérise l'étude des sciences naturelles, il arrivera probablement aux résultats publiés par les hommes célèbres dont j'ai parlé: savoir, que le magnétisme n'est autre chose que l'influence de l'imagination, et que ces prétendues crises sont de véritables maladies dont le magnétisme devient la cause. Tel est en effet l'avantage de l'étude de la nature, que non-seulement elle détruit les préjugés et remplit la mémoire de faits précieux, mais encore qu'elle affermit l'esprit et prémunit l'intelligence contre toutes les séductions de la crédulité.

Croyez et veuillez! disent les magnétiseurs à ceux qui se présentent à leurs opérations. Croire sans preuve n'est cependant qu'un acte de stupidité tout-à-fait indigne de nous; mais cette première abnégation de son intelligence est bien digne de servir d'introduction à des scènes dans lesquelles l'intelligence doit être plongée dans l'état le plus complet d'humiliation. Quelle peut être la personne qui, s'étant recueillie un moment, ne serait pas révoltée par la pensée de se trouver réduite au point de n'être plus qu'un vil automate mu par le caprice et la volonté d'un autre? Qu'importe la pureté des intentions de celui qui magnétise? N'est-il pas coupable de la dégradation réelle à laquelle il réduit son semblable? Qu'on se figure un moment un peuple entier abusé par ces chimères, et dont une partie en serait venue à exercer sur le reste cet empire devenu irrésistible dès qu'il a été une fois volontaire; c'est alors que se trouverait réalisée pour le malheur de l'espèce humaine cette théorie de la politique d'*Aristote* fondée à la vérité sur les faits, mais dont les principes sont démentis par tous ceux du sens commun, qu'une partie des hommes est née pour commander et le reste pour obéir d'une manière passive. Pour avoir une idée de l'influence que de telles opinions peuvent avoir sur le bonheur de la vie, que l'on se transporte dans quelqu'une de nos provinces les moins éclairées: on y verra l'habitant des campagnes centuplant les maux réels de sa condition par les terreurs de la crédulité, et non moins malheureux par les menaces d'un vil et méprisable noueur d'aiguillette que par les fléaux les plus réels dont il puisse être frappé.

La raison et la morale tiennent un tout autre langage que le magnétisme; elles ne montent point en chaire pour gagner des prosélytes, mais elles répondent à ceux qui veulent bien les consulter.

« Ne croyez rien sans preuves suffisantes,

» sous peine de vous précipiter dans une suite
» de maux incalculables : ayez la force de vous
» récuser lorsqu'on vous demande un jugement
» sur des matières que vous ne pouvez connaître
» par vous-mêmes; mais si ces matières ne
» dépassent pas les bornes de l'intelligence,
» attendez du tems qui marque à chaque objet
» sa valeur, et soumettez-vous à l'opinion de
» ceux que de longues études ont mis à portée
» de prononcer, quand d'ailleurs ils ne peuvent
» avoir aucun intérêt à vous tromper. »

Je suis loin, je le répète, d'imputer de la mauvaise foi à aucun des magnétiseurs qui se donnent aujourd'hui en spectacle; j'estime profondément au contraire la moralité de plusieurs d'entr'eux, et souvent j'ai été touché de l'activité et de la chaleur de l'humanité qui les anime ; mais je crois devoir m'élever contre leurs pratiques par la raison que l'aveugle confiance d'un enthousiaste est encore plus dangereuse que la fourberie calculée d'un imposteur. Je dirai donc aux gens du monde : que ceux d'entre vous dont le cœur n'est pas ceint d'un triple acier, dont l'imagination n'est pas entièrement dominée par la raison, s'éloignent de ces scènes dangereuses; car de même qu'il est à craindre que des enfans saisis à la vue d'un épileptique qui tombe et se débat en leur présence, soient eux-mêmes atteints de ce mal horrible ; de même aussi vous devez à l'aspect de ces ébranlemens nerveux, de ces aliénations passagères, redouter les funestes effets de la contagion à laquelle vous vous exposez. Le danger est ici d'autant plus grand qu'il est déguisé par un entourage de candeur et de bonne foi que je crois très-réelles; mais quoi! les hommes qui se supposaient sorciers n'étaient-ils pas aussi bien abusés que ceux qui se croyaient atteints de leurs maléfices? Les recueils des tribunaux sont pleins de leurs aveux les plus circonstanciés, et certes, ces aveux doivent paraître peu suspects, puisque l'effet prévu et immédiat en était une condamnation au supplice le plus affreux. Le sage *Gassendi* raconte qu'ayant enlevé un de ces sorciers à des paysans qui, suivant l'une des contradictions bizarres de la conduite des hommes, avaient saisi pour le maltraiter celui qui dans leur pensée était maître de disposer d'eux, il parvint avec des promesses à gagner sa confiance. Cet homme lui confessa alors qu'en effet il était sorcier, que depuis long-tems il fréquentait le sabat, et qui plus est, s'offrit à l'y conduire, ce que notre philosophe, comme l'on peut penser, s'empressa d'accepter. L'heure fut indiquée pour la nuit suivante, et l'on fit en commun tous les préparatifs du départ; or l'on sait ce que c'est que ces préparatifs.

Tout étant disposé pour le voyage, *Gassendi* vit son homme saisi de convulsions, puis d'un assoupissement, à la suite duquel il parla fort pertinemment du sabat où il était allé, et de toutes les belles choses que son compagnon avait dû y voir avec lui.

N'est-il pas assez honteux pour nous que l'ignorance puisse retenir des hommes, nos semblables, dans un tel état d'abrutissement, et faut-il se prêter à les y voir ramener du point élevé où l'instruction pouvait les placer? Quand on voit l'empire que de telles folies peuvent prendre, non-seulement sur les personnes qui s'y sont une fois livrées, mais encore sur celles qui n'en sont que les témoins, on ne peut s'empêcher de frémir en songeant que si quelque fondateur de croyance religieuse se fût avisé d'un tel moyen pour étayer ses opinions, en plaçant dans les mains de la divinité le premier anneau de la chaîne dont il se serait servi pour garotter les hommes, notre espèce serait probablement aujourd'hui assujettie sans retour à un joug indestructible.

III.

Il me reste à parler du rapport que les Commissaires nommés pour l'examen du magnétisme jugèrent à propos de réserver pour le Roi, ainsi que d'un mémoire adressé de Busanci au premier magistrat de la province.

Il n'est pas sans difficulté de traiter ainsi en public ce que des hommes si sages avaient cru devoir tenir secret : mais je considère pour m'y déterminer, d'une part, la nécessité de prévenir les victimes du magnétisme des dangers auxquels les expose leur confiance, nécessité reconnue par les Commissaires eux-mêmes ; et de l'autre, les changemens qu'ont amenés dans nos mœurs les grands événemens dont nous avons été frappés, lesquels donnant en général, à l'esprit public, un ton plus grave et plus sévère, me permettent d'entrer à-peu-près librement, aujourd'hui, dans des détails qui n'eussent pas autrefois été sans conséquence. J'ajouterai encore à cela, la faculté que je me réserve d'user de réticences toutes les fois que les images deviendront trop vives pour être retracées au naturel ; renvoyant au surplus les lecteurs non satisfaits aux originaux dont j'indiqué les sources.

Les mœurs étaient cet objet si scabreux à traiter alors en public. Il faut convenir que les Commissaires avaient à rapporter des détails pour lesquels nous-mêmes ne sommes point encore assez endurcis, et dont une société de magnétiseurs pourrait seule écouter de sang-froid le récit. Les mœurs, d'après les observations des Commissaires, se trouvaient gravement compromises dans les scènes du magnétisme. Qu'on ne se presse pas de tirer de cette déclaration aucune conséquence fâcheuse pour la moralité des personnes qui prenaient part à ces scènes; les hommes sur les traces desquels je suis engagé avaient trop d'instruction, de sagacité et de philosophie pour laisser la chose en doute, et ils ont exposé clairement, comment il se faisait que la séduction pût agir également sur les acteurs et sur les patiens, à l'insu de chacun d'eux.

« Les femmes ont en général les nerfs plus mobiles que les hommes; leur imagination est plus vive, plus exaltée: il est facile de la frapper, de la mettre en mouvement, et cette grande mobilité des nerfs, en leur donnant des sens plus délicats et plus exquis, les rend aussi plus susceptibles des impressions de l'attouchement et de l'imitation. Les femmes sont semblables à des cordes sonores parfaitement tendues et à l'unisson, il suffit d'en mettre une en mouvement pour que toutes à l'instant le partagent. C'est ce que les Commissaires ont observé plusieurs fois; dès qu'une femme tombe en crise, les autres ne tardent pas à y tomber; et cela explique pourquoi l'on voit toujours beaucoup plus de femmes que d'hommes en crise. »

« Il est de ces crises qui tiennent à une cause cachée mais naturelle, à une cause certaine des émotions dont toutes les femmes sont plus ou moins susceptibles; cette cause est l'empire que la nature a donné à un sexe sur l'autre pour l'attacher et l'émouvoir. Les relations établies entre le magnétiseur et la femme soumise à son action ne sont sans doute que celles d'une malade à l'égard de son médecin, mais ce médecin est un homme. Quel que soit l'état de maladie, il ne nous dépouille point de notre sexe; il ne nous dérobe pas entièrement au pouvoir de l'autre; la maladie en peut affaiblir les impressions sans jamais les anéantir. D'ailleurs la plupart des femmes qui vont au magnétisme ne sont pas réellement malades, beaucoup y viennent par oisiveté et par amusement; d'autres qui ont quelques incommodités n'en conservent pas moins leur fraîcheur et leurs forces; leurs sens sont tous entiers, leur jeunesse a toute sa sensibilité; elles ont assez de charmes pour agir sur le médecin, elles ont assez de santé pour que le médecin agisse sur elles; alors le danger est réciproque. La proximité long-tems continuée, l'attouchement indispensable, la chaleur individuelle communiquée, les regards confondus, sont les voies connues de la nature et les moyens qu'elle a préparés de tout tems pour opérer immanquablement la communication des sensations et des affections. L'homme qui magnétise a ordinairement les genoux de la femme renfermés dans les siens ; les genoux et toutes les parties inférieures du corps sont par conséquent en contact ; la main est appliquée sur les hypocondres et quelquefois plus bas ; le tact est donc exercé à la fois sur une infinité de parties, et dans le voisinage des parties les plus sensibles du corps. Souvent l'homme ayant sa main gauche ainsi appliquée, passe la droite derrière le corps de la femme, le mouvement de l'un et de l'autre est de se pencher mutuellement pour favoriser ce double attouchement ; la proximité devient la plus grande possible, le visage touche presque le visage, les haleines se respirent, toutes les impressions physiques se partagent instantanément, et l'attraction réciproque des sexes doit agir dans toute sa force. Il n'est pas extraordinaire que les sens s'allument; l'imagination qui agit en même-tems répand un certain désordre dans toute la machine; elle suspend le jugement, elle écarte l'attention; les femmes ne peuvent se rendre compte de ce qu'elles éprouvent, elles ignorent l'état où elles sont.... Il faut ici que je m'arrête; les Commissaires présens et attentifs au traitement, ont observé plusieurs fois, et décrit avec exactitude, des choses que je ne puis retracer, mais dont l'expérience la moins exercée pourra sans peine se faire le tableau.

« Il est facile maintenant de concevoir pourquoi cet état de convulsion n'a rien de pénible, n'a rien que de naturel pour celles qui l'éprouvent; comment il n'en reste aucune trace fâcheuse, aucun souvenir désagréable, et comment les femmes s'en trouvent mieux et n'ont point de répugnance à le sentir de nouveau. Les émotions éprouvées étant le germe des affections et des penchans, on sent pourquoi celui qui magnétise inspire tant d'attachement, etc. Beaucoup de femmes, ajoutent les Commissaires, n'ont point sans doute éprouvé ces effets; d'autres ont ignoré cette cause des effets qu'elles ont éprouvés; plus elle sont honnêtes, moins elles ont dû la soupçonner. On assure que plusieurs s'en sont aperçues et se sont retirées du traitement magnétique; mais celles qui l'ignorent ont besoin d'être prévenues. »

« Le traitement magnétique ne peut être que dangereux pour les mœurs, car ces émotions qui ont un charme naturel pour nous, étant éprouvées presqu'en public, au milieu d'autres femmes qui semblent les éprouver également, n'offrent rien d'alarmant; on y reste, on y revient, et l'on ne s'aperçoit du danger que lorsqu'il n'est plus tems. Exposées à ce danger, les femmes fortes s'en éloignent, les faibles peuvent y perdre leurs mœurs et leur santé. »

Il faudrait copier en entier ce mémoire pour montrer toute la sagesse qui en a conduit la rédaction : mais ce que je viens d'en extraire est si bien d'accord avec ce que chacun sait, ou sent lui-même de la nature humaine, que je ne crois pas devoir en parler davantage. Je ne m'arrêterai donc point à la petite charlatanerie signalée par les Commissaires, de faire simuler une crise pour en déterminer à l'instant de réelles ; non plus qu'à ce qu'ils rapportent de l'inutilité complette pour les malades, de traitemens continués quelquefois pendant dix-huit mois et deux ans. C'est sur-tout aux personnes en santé que je m'adresse ici ; et je suis convaincu, que lorsque les magnétiseurs n'agiront plus que sur des gens bien réellement malades, il ne feront guères de prosélytes.

Ce rapport est signé, comme le premier, par MM. *Franklin*, *de Bory*, *Lavoisier*, *Bailly*, *Majault*, *Sallin*, *Darcet*, *Guillotin*, *Le Roy*.

Me voici arrivé à la partie la plus désagréable de ce plaidoyer, qu'il me semble faire au nom de la raison. Ce ne sont presque plus que des personnalités que j'aurais à extraire du dernier mémoire dont je dois parler. Heureusement ce mémoire a déjà été publié, et un homme aussi respectable par sa moralité que par les dignités dont il est revêtu, lui a donné de l'authenticité, et m'a sauvé à moi le désagrément de divulguer contre M. *de P.* des choses tout-à-fait ignorées. Au demeurant, si l'intérêt de la cause que je défends m'oblige à copier des imputations très-dures, du moins je n'épargnerai rien pour empêcher qu'elles ne soient véritablement outrageantes, en reconnaissant qu'elles portent uniquement sur des erreurs par lesquelles un cœur bon et généreux devait surtout se laisser séduire.

Ce mémoire a pour titre : *Lettre à l'intendant de Soissons* (1) *sur les opérations mesmériennes de M. de P. à Busanci.*

Voici le début que je rapporte pour faire juger de l'impression qu'avait reçue l'observateur. « J'ai été à Busanci : je suis sincèrement affligé de voir un homme de condition exercer publiquement le charlatanisme le plus grossier et le plus inutile. Le peuple est assez malheureux, sans ajouter encore à toutes ses misères l'erreur et la superstition. . . . . Ayant l'honneur de vous être particulièrement attaché,

---

(1) M. *de la Bourdonnaye de Blossac.*

et *voulant remplir la commission dont vous m'avez chargé*, je crois devoir vous présenter quelques détails sur la scène indécente qui se joue dans votre généralité, et qui intéresse le peuple que vous devez chérir. »

Cet observateur, pour n'être point suspect, se rendit à pied à Busanci, un dimanche matin, avec deux autres personnes qu'il s'était associées afin de ne laisser échapper aucun détail. En arrivant à huit heures, ils trouvèrent au moins cent cinquante malades réunis sur la grande place, autour d'un gros orme des branches duquel pendaient une infinité de cordes, dont les malades entouraient la partie souffrante. Les femmes et les enfans composaient les deux tiers de l'assemblée; la plupart étaient affectés de fièvres intermittentes, d'ophthalmies et de rhumatismes. Un maître d'école, tourmenté de maux de tête, et un postillon, malade d'une fièvre opiniâtre, leur parurent les seuls qui ne fussent pas de la lie du peuple. Un homme s'était détaché de la foule pour aller au château demander la permission de tomber en crise; bientôt il revint en cet état; et les malades s'étant accrochés par les pouces pour faire la chaîne, il commença à avoir des convulsions. Ordinairement on chantait, pendant la crise, *Salve regina*;

quelquefois *Lauda Sion salvatorem :* ce jour là, on ne chanta point. Le somnambule était un Limousin de 40 à 45 ans, très-vigoureux, et velu jusqu'au bout des doigts ; il avait quitté depuis un mois son métier de maçon pour faire celui-ci. Quoiqu'il fût de principe que le moindre attouchement d'un profane devait redoubler ses convulsions, l'auteur de la lettre le toucha seize fois, malgré les argus qui le repoussaient, et le convulsionnaire ne s'en aperçut nullement. Tout cela dura jusqu'à onze heures, que M. *de P.* arriva. Il entra dans le cercle, toucha une jeune fille aveugle, « lui imposa les mains sur la tête, le front et le cou, lui chatouilla légèrement les narines, lui pressa le sein ». Enfin, après sept ou huit minutes, la malade ne dormant pas, il passa à d'autres, et particulièrement à une paysanne nommée Catherine, vaporeuse décidée, chlorotique, ayant sur-tout le privilége de découvrir le siége des maladies, et d'en indiquer le remède. Voici comment elle s'y prend : « Le malade s'assied à côté de la dormeuse. . . . . . . Elle passe le bras gauche derrière votre dos, en parcourant légèrement les vertèbres ; vous vous penchez sur elle, et, avec la main droite, elle tâte et parcourt le devant de votre corps, depuis le sommet de la tête jusqu'au bas-ventre. Elle s'arrête au siége du mal. Mes deux camarades et moi avons prêté une oreille bien attentive à ce genre de consultation, et je puis vous affirmer qu'il n'y a pas le sens commun ; je répète : pas le sens commun, dans leurs discours. . . . Catherine avait tâté la veille, pendant assez long-tems, un moine, et lui avait annoncé que sa maladie était dans le bas-ventre ; ce qui avait beaucoup fait rire les mécréans. » L'observateur raconte ensuite l'effet des attouchemens de M. *de P.* sur cette Catherine : il entre, à ce sujet, dans des détails, dont les termes sont bien moins mesurés que ceux des académiciens, et que je dois, par conséquent, encore moins copier. Cette scène finit par des impositions de mains et d'autres gestes que fit M. *de P.* sur des bouteilles pleines d'eau qu'on lui présenta. Mais tout le monde s'étant retiré, l'observateur s'attacha aux principaux malades ; il apprit d'eux que ce pouvoir de M. *de P.* était *un don de Dieu*, que M. *de P.* pouvait leur communiquer ou leur ôter selon sa volonté, *pourvu qu'on eût la foi* ; que plusieurs d'entre eux étaient nourris au château, et que M. le Marquis faisait beaucoup d'aumônes. Je ferai remarquer que le somnambule déclara qu'il se trouvait dans l'assistance *un homme qui n'avait pas prié Dieu depuis huit jours, et qui n'avait pas prié pour M. le Marquis.* On devine aisément les conséquences que notre observateur tire de tout ce qu'il a vu ; je supprime celles qui sont relatives à M. *de P.* , pour passer à la dernière. « Cette secte prendra parmi les femmes voluptueuses et crédules : c'est sûrement un malheur ; mais je prévois que la capitale seule sera infectée de ces nouveaux mystères de la déesse de Syrie. »

Après tant de faits et de discussions, je crois maintenant que personne ne balancera à conclure

Que la question du magnétisme ayant été examinée par un nombre suffisant d'hommes des plus distingués, placés dans les circonstances les plus favorables : lesquels, d'ailleurs, ont exposé tous les motifs de leurs décisions ; le jugement qu'ils en ont porté doit être approuvé par tous les bons esprits, et servir de base à l'opinion que toute personne non séduite devra s'en former.

D'où il résulte,

1° Que les faits attribués au magnétisme sont uniquement dus, lorsqu'ils sont réels, au pouvoir de l'imagination.

2° Que ces ébranlemens nerveux ne peuvent être que très-nuisibles, non-seulement aux personnes qui les éprouvent, mais encore à celles qui en sont témoins , si elles ne sont pas entièrement maîtresses de leur imagination.

Voilà enfin ce long plaidoyer fini. Il me semble avoir rapporté tout ce qui peut mettre mes lecteurs en état de décider avec connaissance de cause. Le danger étant connu, chacun sera libre de l'éviter. S'il était des personnes qui ne pussent être retenues , ni par la honte de se prêter à des facéties si avilissantes , ni par aucune des considérations que j'ai présentées , il faudrait se dire à leur occasion, qu'on met bien au-devant d'un précipice une barrière pour arrêter l'aveugle ou l'imprudent, mais que rien ne saurait retenir le furieux ou l'insensé, qui veulent s'élancer par-dessus.

RAPPORT

Des Commissaires chargés par le Roi de l'examen du Magnétisme animal.

Le Roi a nommé, le 12 mars 1784, des médecins choisis dans la Faculté de Paris, MM. *Borie*, *Sallin*, *d'Arcet*, *Guillotin*, pour faire l'examen et lui rendre compte du magnétisme animal, pratiqué par M. *Deslon*; et sur la demande de ces quatre médecins, Sa Majesté a nommé, pour procéder avec eux à cet examen, cinq des membres de l'Académie royale des Siences, MM. *Franklin*, *le Roy*, *Bailly*, *de Bory*, *Lavoisier*. M. *Borie* étant mort dans le commencement du travail des Commissaires, Sa Majesté a fait choix de M. *Majault*, docteur de la Faculté, pour le remplacer.

L'agent que M. *Mesmer* prétend avoir découvert, qu'il a fait connaître sous le nom de *Magnétisme animal*, est, comme il le caractérise lui-même et suivant ses propres paroles, « un » fluide universellement répandu; il est le moyen

» d'une influence mutuelle entre les corps cé-
» lestes, la terre et les corps animés; il est con-
» tinué de manière à ne souffrir aucun vide; sa
» subtilité ne permet aucune comparaison; il
» est capable de recevoir, propager, communi-
» quer toutes les impressions du mouvement;
» il est susceptible de flux et de reflux. Le corps
» animal éprouve les effets de cet agent; et c'est
» en s'insinuant dans la substance des nerfs,
» qu'il les affecte immédiatement. On reconnaît
» particulièrement dans le corps humain, des
» propriétés analogues à celles de l'aimant; on
» y distingue des pôles également divers et op-
» posés. L'action et la vertu du Magnétisme
» animal peuvent être communiquées d'un corps
» à d'autres corps animés et inanimés : cette
» action a lieu à une distance éloignée, sans le
» secours d'aucun corps intermédiaire; elle est
» augmentée, réfléchie par les glaces; commu-
» niquée, propagée, augmentée par le son;
» cette vertu peut être accumulée, concentrée,
» transportée. Quoique ce fluide soit universel,
» tous les corps animés n'en sont pas également
» susceptibles; il en est même, quoiqu'en
» très-petit nombre, qui ont une propriété si
» opposée, que leur seule présence détruit tous
» les effets de ce fluide dans les autres corps.

» Le Magnétisme animal peut guérir immé-

» diatement les maux de nerfs, et médiatement
» les autres; il perfectionne l'action des médi-
» camens; il provoque et dirige les crises salu-
» taires, de manière qu'on peut s'en rendre maître;
» par son moyen le médecin connaît l'état de
» santé de chaque individu, et juge avec certi-
» tude l'origine, la nature et les progrès des
» maladies les plus compliquées; il en empêche
» l'accroissement et parvient à leur guérison,
» sans jamais exposer le malade à des effets dan-
» gereux ou à des suites fâcheuses, quels que
» soient l'âge, le tempérament et le sexe (1).
» La nature offre dans le magnétisme un moyen
» universel de guérir et de préserver les hom-
» mes (2). »

Tel est l'agent que les Commissaires ont été chargés d'examiner, et dont les propriétés sont avouées par M. *Deslon*, qui admet tous les principes de M. *Mesmer*. Cette théorie fait la base d'un Mémoire qui a été lu chez M. *Deslon*, le 9 mai, en présence de M. le Lieutenant général de Police et des Commissaires. On établit dans ce Mémoire qu'il n'y a qu'une nature, une maladie, un remède; et ce remède

---

(1) Mémoire de M. *Mesmer* sur la découverte du magnétisme animal, pages 74 et suivantes.

(2) *Ibid.* Avis au Lecteur, page vj.

est le magnétisme animal. Ce médecin, en instruisant les Commissaires, de la doctrine et des procédés du magnétisme, leur en a enseigné la pratique, en leur faisant connaître les pôles, en leur montrant la manière de toucher les malades, et de diriger sur eux ce fluide magnétique.

M. *Deslon* s'est engagé avec les Commissaires, 1° à constater l'existence du magnétisme animal; 2° à communiquer ses connaissances sur cette découverte; 3° à prouver l'utilité de cette découverte et du magnétisme animal dans la cure des maladies.

Après avoir pris cette connaissance de la théorie et de la pratique du magnétisme animal, il fallait en connaître les effets; les Commissaires se sont transportés, et chacun d'eux plusieurs fois, au traitement de M. *Deslon*. Ils ont vu au milieu d'une grande salle une caisse circulaire, faite de bois de chêne et élevée d'un pied ou d'un pied et demi, que l'on nomme le *baquet;* ce qui fait le dessus de cette caisse est percé d'un nombre de trous, d'où sortent des branches de fer coudées et mobiles. Les malades sont placés à plusieurs rangs autour de ce baquet, et chacun à sa branche de fer, laquelle, au moyen du coude, peut être appliquée directement sur la partie malade; une corde passée autour de leur corps les unit les uns aux autres; quelquefois on forme une seconde chaîne en se communiquant par les mains, c'est-à-dire, en appliquant le pouce entre le pouce et le doigt index de son voisin: alors on presse le pouce que l'on tient ainsi; l'impression reçue à la gauche se rend par la droite, et elle circule à la ronde.

Un *piano forte* est placé dans un coin de la salle, et on y joue différens airs sur des mouvemens variés; on y joint quelquefois le son de la voix et le chant.

Tous ceux qui magnétisent ont à la main une baguette de fer, longue de dix à douze pouces.

M. *Deslon* a déclaré aux Commissaires, 1° que cette baguette est conducteur du magnétisme; elle a l'avantage de le concentrer dans sa pointe, et d'en rendre les émanations plus puissantes. 2° Le son, conformément au principe de M. *Mesmer*, est aussi conducteur du magnétisme, et pour communiquer le fluide au *piano forte*, il suffit d'en approcher la baguette de fer; celui qui touche l'instrument en fournit aussi, et le magnétisme est transmis par les sons aux malades environnans. 3° La corde dont les malades s'entourent, est destinée, ainsi que la chaîne des pouces, à augmenter les effets par la communication. 4° L'intérieur du baquet est composé de manière à y concentrer le magnétisme; c'est un grand réservoir d'où il se répand par les branches de fer qui y plongent.

Les Commissaires se sont assurés dans la suite, au moyen d'un électromètre et d'une aiguille de fer non aimantée, que le baquet ne contient rien qui soit ou électrique ou aimanté; et sur la déclaration que M. *Deslon* leur a faite de la composition intérieure de ce baquet, ils n'y ont reconnu aucun agent physique, capable de contribuer aux effets annoncés du magnétisme.

Les malades rangés en très-grand nombre, et à plusieurs rangs autour du baquet, reçoivent donc à la fois le magnétisme par tous ces moyens: par les branches de fer qui leur transmettent celui du baquet; par la corde enlacée autour du corps, et par l'union des pouces qui leur communiquent celui de leurs voisins; par le son du *piano forte*, ou d'une voix agréable qui le répand dans l'air. Les malades sont encore magnétisés directement, au moyen du doigt et de la baguette de fer, promenés devant le visage, dessus ou derrière la tête et sur les parties malades, toujours en observant la distinction des pôles; on agit sur eux par le regard et en les fixant. Mais sur-tout ils sont magnétisés par l'application des mains, et par la pression des doigts sur les hypocondres et sur les régions du bas-ventre ; application souvent continuée pendant long-tems, quelquefois pendant plusieurs heures.

Alors les malades offrent un tableau très-varié par les différens états où ils se trouvent. Quelques-uns sont calmes, tranquilles et n'éprouvent rien : d'autres toussent, crachent, sentent quelque légère douleur, une chaleur locale ou une chaleur universelle, et ont des sueurs; d'autres sont agités et tourmentés par des convulsions. Ces convulsions sont extraordinaires par leur nombre, par leur durée et par leur force. Dès qu'une convulsion commence, plusieurs autres se déclarent. Les Commissaires en ont vu durer plus de trois heures; elles sont accompagnées d'expectorations d'une eau trouble et visqueuse, arrachée par la violence des efforts. On y a vu quelquefois des filets de sang, et il y a entr'autres un jeune homme malade, qui en rend souvent avec abondance. Ces convulsions sont caractérisées par les mouvemens précipités, involontaires de tous les membres et du corps entier, par le resserrement à la gorge, par des soubresauts des hypocondres et de l'épigastre, par le trouble et l'égarement des yeux, par des cris perçans, des pleurs, des hoquets et des rires immodérés. Elles sont précédées ou suivies d'un état de langueur et de rêverie, d'une sorte d'abattement et même d'assoupissement. Le moindre bruit imprévu cause des tressaillemens; et l'on a remarqué que le changement de ton et de mesure dans les airs joués sur le *piano forte*, influait sur les malades, en sorte qu'un mouvement plus vif les agitait davantage, et renouvelait la vivacité de leurs convulsions.

Il y a une salle matelassée et destinée primitivement aux malades tourmentés de ces convulsions, une salle nommée *des Crises;* mais M. *Deslon* ne juge pas à propos d'en faire usage, et tous les malades, quels que soient leurs accidens, sont également réunis dans les salles du traitement public.

Rien n'est plus étonnant que le spectacle de ces convulsions; quand on ne l'a point vu, on ne peut s'en faire une idée: et en le voyant, on est également surpris et du repos profond d'une partie de ces malades, et de l'agitation qui anime les autres; des accidens variés qui se répètent; des sympathies qui s'établissent. On voit des malades se chercher exclusivement et en se précipitant l'un vers l'autre, se sourire, se parler avec affection et adoucir mutuellement leurs crises. Tous sont soumis à celui qui magnétise; ils ont beau être dans un assoupissement apparent, sa voix, un regard, un signe les en retire. On ne peut s'empêcher de reconnaître, à ces effets constans, une grande puissance qui agite les malades, les maîtrise, et dont celui qui magnétise semble être le dépositaire.

Cet état convulsif est appelé improprement *crise* dans la théorie du magnétisme animal : suivant cette doctrine, il est regardé comme une crise salutaire, du genre de celles que la nature opère, ou que le médecin habile a l'art de provoquer pour faciliter la cure des maladies. Les Commissaires adopteront cette expression dans la suite de ce rapport, et lorsqu'ils se serviront du mot *crise*, ils entendront toujours l'état ou de convulsions, ou d'assoupissement en quelque sorte léthargique, produit par les procédés du magnétisme animal.

Les Commissaires ont observé que dans le nombre des malades en crise, il y avait toujours beaucoup de femmes et peu d'hommes, que ces crises étaient une ou deux heures à s'établir; et que dès qu'il y en avait une d'établie, toutes les autres commençaient successivement et en peu de tems. Mais après ces remarques générales, les Commissaires ont bientôt jugé que le traitement public ne pouvait pas devenir le lieu de leurs expériences. La multiplicité des effets est un premier obstacle; on voit trop de choses à la fois pour en bien voir une en particulier. D'ailleurs des malades distingués, qui viennent au traitement pour leur santé, pourraient être importunés par les questions; le soin de les observer pourrait ou les gêner ou leur déplaire; les Commissaires eux-mêmes seraient gênés par leur discrétion. Ils ont donc arrêté que leur assiduité n'étant point nécessaire à ce traitement, il suffisait que quelques-uns d'eux y vinssent de tems en tems pour confirmer les premières observations générales, en faire de nouvelles s'il y avait lieu, et en rendre compte à la commission assemblée.

Après avoir observé ces effets au traitement public, on a dû s'occuper d'en démêler les causes, et de chercher les preuves de l'existence et de l'utilité du magnétisme. La question de l'existence est la première; celle de l'utilité ne doit être traitée que lorsque l'autre aura été pleinement résolue. Le magnétisme animal peut bien exister sans être utile, mais il ne peut être utile s'il n'existe pas.

En conséquence le principal objet de l'examen des Commissaires et le but essentiel de leurs premières expériences a dû être de s'assurer de cette existence. Cet objet était encore très-vaste et avait besoin d'être simplifié. Le magnétisme animal embrasse la nature entière; il est, dit-on, le moyen de l'influence des corps célestes sur nous; les Commissaires ont cru qu'ils devaient d'abord écarter cette grande influence, ne considérer que la partie de ce fluide répandue sur la terre, sans s'embarrasser d'où il vient, et constater l'action qu'il exerce sur nous, autour de nous et sous nos yeux, avant d'examiner ses rapports avec l'univers.

Le moyen le plus sûr pour constater l'existence du fluide magnétique animal, serait de rendre sa présence sensible, mais il n'a pas fallu beaucoup de tems aux Commissaires pour reconnaître que ce fluide échappe à tous les sens. Il n'est point lumineux et visible comme l'électricité; son action ne se manifeste pas à la vue comme l'attraction de l'aimant; il est sans goût et sans odeur; il marche sans bruit, vous entoure ou vous pénètre sans que le tact vous avertisse de sa présence. S'il existe en nous et autour de nous, c'est donc d'une manière absolument insensible. Parmi ceux qui professent le magnétisme, il en est qui prétendent qu'on le voit quelquefois sortir de l'extrémité des doigts qui lui servent de conducteurs, ou qui croient sentir son passage lorsqu'on promène le doigt devant le visage et sur la main. Dans le premier cas, l'émanation aperçue n'est que celle de la transpiration, qui devient tout-à-fait visible lorsqu'elle est grossie au microscope solaire; dans le second, l'impression de froid ou de frais qu'on éprouve, impression d'autant plus marquée qu'on a plus chaud, résulte du mouvement de l'air qui suit le doigt, et dont la température est toujours au-dessous du degré de la chaleur animale. Lorsqu'au contraire on approche le doigt de la peau du visage, plus froide que le doigt, et qu'on le laisse en repos, on fait éprouver un sentiment de chaleur, qui est la chaleur animale communiquée.

On prétend encore que ce fluide a de l'odeur, et qu'on la sent lorsqu'on porte sous le nez, ou le doigt, ou un fer conducteur ; on dit même que ces sensations sont différentes sous les deux narines selon qu'on dirige le doigt ou le fer à pôle direct ou à pôle opposé. M. *Deslon* a fait l'expérience sur plusieurs Commissaires ; les Commissaires l'ont répétée sur plusieurs sujets ; aucun n'a éprouvé cette différence de sensation d'une narine à l'autre : et si, en y faisant attention, on a en effet reconnu quelqu'odeur, c'est lorsqu'on présente le fer, celle du fer même échauffé et frotté ; et lorsqu'on présente le doigt, celle des émanations de la transpiration, odeur souvent mêlée à celle du fer dont le doigt même est empreint. Ces effets ont été attribués par erreur au magnétisme, ils appartiennent tous à des causes naturelles et connues.

Aussi M. *Deslon* n'a jamais insisté sur ces

impressions passagères, il n'a pas cru devoir les produire comme des preuves ; et au contraire il a expressément déclaré aux Commissaires, qu'il ne pouvait leur démontrer l'existence du magnétisme que par l'action de ce fluide, opérant des changemens dans les corps animés. Cette existence devient d'autant plus difficile à constater par des effets qui soient démonstratifs et dont la cause ne soit pas équivoque ; par des faits authentiques, sur lesquels les circonstances morales ne puissent pas influer ; enfin par des preuves susceptibles de frapper, de convaincre l'esprit, les seules qui soient faites pour satisfaire les physiciens éclairés.

L'action du magnétisme sur les corps animés, peut être observée de deux manières différentes; ou par cette action long-tems continuée et par ses effets curatifs dans le traitement des maladies, ou par ses effets momentanés sur l'économie animale et par les changemens observables qu'elle y produit. M. *Deslon* insistait pour qu'on employât principalement et presque exclusivement la première de ces méthodes ; les Commissaires n'ont pas cru devoir le faire et voici leurs raisons :

La plupart des maladies ont leur siége dans l'intérieur du corps. La longue expérience d'un grand nombre de siècles a fait connaître les symptômes qui les annoncent et qui les caractérisent ; la même expérience a indiqué la méthode de les traiter. Quel est dans cette méthode le but des efforts du médecin ? ce n'est point de contrarier et de dompter la nature, c'est de l'aider dans ses opérations. La nature guérit les malades, a dit le père de la médecine ; mais quelquefois elle rencontre des obstacles qui la gênent dans son cours, qui consument inutilement ses forces. Le médecin est le ministre de la nature ; observateur attentif, il étudie sa marche. Si cette marche est ferme, sure, égale et sans écarts, le médecin l'observe en silence et se garde de la troubler par des remèdes au moins inutiles ; si cette marche est embarrassée, il la facilite ; si elle est trop lente ou trop rapide, il l'accélère ou la retarde. Il se borne quelquefois à régler le régime pour remplir son objet ; quelquefois il emploie des médicamens. L'action d'un médicament introduit dans le corps humain, est une force nouvelle, combinée avec la grande force qui fait la vie ; si le remède suit les mêmes voies que cette force a déjà ouvertes pour l'expulsion des maux, il est utile, il est salutaire ; s'il tend à ouvrir des routes contraires et à détourner cette action intérieure, il est nuisible. Cependant il faut convenir que cet effet salutaire ou nuisible, tout réel qu'il est, peut échapper souvent à l'observation vulgaire. L'histoire physique de l'homme offre des phénomènes très-singuliers à cet égard. On voit que les régimes les plus opposés n'ont pas empêché d'atteindre à une grande vieillesse. On voit des hommes, attaqués ce semble de la même maladie, guéris en suivant des régimes contraires, et en prenant des remèdes entièrement différens; la nature est donc alors assez puissante pour entretenir la vie malgré le mauvais régime, et pour triompher à la fois et du mal et du remède. Si elle a cette puissance de résister aux remèdes, à plus forte raison a-t-elle le pouvoir d'opérer sans eux. L'expérience de leur efficacité a donc toujours quelque incertitude; lorsqu'il s'agit du magnétisme, il y a une incertitude de plus; c'est celle de son existence. Or, comment s'assurer par le traitement des maladies, de l'action d'un agent dont l'existence est contestée, lorsqu'on peut douter de l'effet des médicamens dont l'existence n'est pas un problème ?

La cure que l'on cite le plus en faveur du magnétisme, est celle de M. le baron *** ; la cour et la ville en ont été également instruites. On n'entrera point ici dans la discussion des faits; on n'examinera pas si les remèdes précédemment employés ont pu contribuer à cette cure. On admet, d'une part, le plus grand danger dans l'état du malade, et de l'autre l'inefficacité de tous les moyens de la médecine ordinaire; le magnétisme a été mis en usage, et M. le baron de *** a été complètement guéri. Mais une crise de la nature ne pouvait-elle pas seule opérer cette cure? Une femme du peuple et très-pauvre, demeurant au Gros-Caillou, a été attaquée en 1779 d'une fièvre maligne très-bien caractérisée; elle a refusé constamment tous les secours, elle a demandé seulement qu'on lui tînt toujours plein d'eau un vase qui était auprès d'elle : elle est restée tranquille sur la paille qui lui servait de lit, buvant de l'eau tout le jour, et ne faisant rien autre chose. La maladie s'est développée, a passé successivement par ses différens périodes, et s'est terminée par une guérison complète (1). Mademoiselle *G**** demeurant aux Petites-Écuries du Roi, portait au sein droit deux glandes qui l'inquiétaient beaucoup ; un chirurgien lui conseilla l'usage de l'eau du Peintre, comme un excellent fondant ; lui annonçant que si ce remède ne réussissait pas dans un mois, il faudrait

(1) Cette observation détaillée a été donnée à la Faculté de Médecine de Paris, dans une assemblée *de prima mensis*, par M. *Bourdois de la Mothe*, médecin de charité de Saint-Sulpice, qui a exactement visité la malade tous les jours.

extirper les glandes. La demoiselle effrayée, consulta M. *Sallin*, qui jugea que les glandes étaient susceptibles de résolution ; M. *Bouvart* consulté ensuite, porta le même jugement. Avant de commencer les remèdes, on lui conseilla la dissipation; quinze jours après, elle fut prise à l'Opéra d'une toux violente et d'une expectoration si abondante, qu'on fut obligé de la ramener chez elle; elle cracha, dans l'espace de quatre heures, environ trois pintes d'une lymphe glaireuse ; une heure après, M. *Sallin* examina le sein, il n'y trouva plus aucun vestige de glande. M. *Bouvart*, appelé le lendemain, constata l'heureux effet de cette crise naturelle. Si mademoiselle *G**** avait pris de l'eau du Peintre, le Peintre aurait eu l'honneur de la cure.

L'observation constante de tous les siècles prouve, et les médecins reconnaissent que la nature seule, et sans aucun traitement, guérit un grand nombre de malades. Si le magnétisme était sans action, les malades soumis à ses procédés, seraient comme abandonnés à la nature. Il serait absurde de choisir pour constater l'existence de cet agent, un moyen qui, en lui attribuant toutes les cures de la nature, tendrait à prouver qu'il a une action utile et curative, lors même qu'il n'en aurait aucune.

Les Commissaires sont en cela de l'avis de M. *Mesmer*. Il rejeta la cure des maladies, lorsque ce moyen de prouver le magnétisme lui fut proposé par un membre de l'Académie des sciences : *c'est*, dit-il, *une erreur de croire que cette espèce de preuve soit sans réplique ; rien ne prouve démonstrativement que le médecin ou la médecine guérissent les malades* (1).

Le traitement des maladies ne peut donc fournir que des résultats toujours incertains et souvent trompeurs; cette incertitude ne saurait être dissipée, et toute cause d'illusion compensée, que par une infinité de cures, et peut-être par l'expérience de plusieurs siècles. L'objet et l'importance de la commission demandent des moyens plus prompts. Les Commissaires ont dû se borner aux preuves purement physiques, c'est-à-dire, aux effets momentanés du fluide sur le corps animal, en dépouillant ces effets de toutes les illusions qui peuvent s'y mêler, et en s'assurant qu'ils ne peuvent être dûs à aucune autre cause que le magnétisme animal.

Ils se sont proposé de faire des expériences sur des sujets isolés, qui voulussent bien se

---

(1) M. *Mesmer*, Précis historique, pages 35, 37.

prêter aux expériences variées qu'on pourrait imaginer ; et qui les uns par leur simplicité, les autres par leur intelligence, fussent capables de rendre un compte fidèle et exact de ce qu'ils auraient éprouvé. Ces expériences ne seront point présentées ici suivant l'ordre des tems, mais suivant l'ordre des faits qu'elles doivent éclaircir.

Les Commissaires ont d'abord résolu de faire sur eux-mêmes leurs premières expériences, et de se soumettre à l'action du magnétisme. Ils étaient très-curieux de reconnaître par leurs propres sensations les effets annoncés de cet agent. Ils se sont donc soumis à ces effets, et avec une résolution telle, qu'ils n'auraient point été fâchés d'éprouver des accidens et un dérangement de santé, qui bien reconnu pour être un effet certain du magnétisme, les aurait mis à même de résoudre sur-le-champ et par leur propre témoignagne cette question importante. Mais en se soumettant ainsi au magnétisme, les Commissaires ont usé d'une précaution nécessaire. Il n'y a point d'individu, dans l'état de la meilleure santé, qui, s'il voulait s'écouter attentivement, ne sentît au-dedans de lui une infinité de mouvemens et de variations, soit de douleur infiniment légère, soit de chaleur dans différentes parties de son corps; ces variations qui ont lieu dans tous les tems, sont indépendantes du magnétisme. Il n'est peut-être pas indifférent de porter et de fixer ainsi sur soi son attention. Il y a tant de rapports, quel qu'en soit le moyen, entre la volonté de l'ame et les mouvemens du corps, qu'on ne saurait dire jusqu'où peut aller l'influence de l'attention, qui ne semble qu'une suite de volontés, dirigées constamment et sans interruption vers le même objet. Quand on considère que la volonté remue le bras comme il lui plaît, doit-on être sûre que l'attention, arrêtée sur quelque partie intérieure du corps, ne peut y exciter de légers mouvemens, y porter de la chaleur, et en modifier l'état actuel de manière à y produire de nouvelles sensations ? Le premier soin des Commissaires a dû être de ne se pas rendre trop attentifs à ce qui se passait en eux. Si le magnétisme est une cause réelle et puissante, elle n'a pas besoin qu'ils y pensent pour agir et pour se manifester ; elle doit, pour ainsi dire, forcer, fixer leur attention, et se faire apercevoir d'un esprit distrait même à dessein.

Mais en prenant le parti de faire des expériences sur eux-mêmes, les Commissaires ont unanimement résolu de les faire entr'eux, sans y admettre d'autre étranger que M. *Deslon* pour les magnétiser, ou des personnes choisies par eux ; ils se sont également promis de ne point magnétiser au traitement public, afin de pouvoir discuter librement leurs observations, et d'être dans tous les cas les seuls, ou du moins les premiers juges de ce qu'ils auraient observé.

En conséquence on leur a consacré chez M. *Deslon* une chambre séparée et un baquet particulier, et les Commissaires ont été s'y placer une fois chaque semaine ; ils y sont restés jusqu'à deux heures et demie de suite, la branche de fer appuyée sur l'hypocondre gauche, entourés de la corde de communication, et faisant de tems en tems la chaîne des pouces. Ils ont été magnétisés, soit par M. *Deslon*, soit par un de ses disciples envoyé à sa place, les uns plus long-tems et plus souvent, et c'étaient les Commissaires qui paraissaient devoir être les plus sensibles ; ils ont été magnétisés, tantôt avec le doigt et la baguette de fer présentés et promenés sur différentes parties du corps, tantôt par l'application des mains et par la pression des doigts, ou aux hypocondres, ou sur le creux de l'estomac.

Aucun d'eux n'a rien senti, ou du moins n'a rien éprouvé qui fût de nature à être attribué à l'action du magnétisme. Quelques-uns des Commissaires sont d'une constitution robuste ; quelques autres ont une constitution moins forte, et sont sujets à des incommodités : un de ceux-ci a éprouvé une légère douleur au creux de l'estomac, à la suite de la forte pression qu'on y avait exercée. Cette douleur a subsisté tout le jour et le lendemain, elle a été accompagnée d'un sentiment de fatigue et de mal-aise. Un second a ressenti, l'après-midi d'un des jours où il a été touché, un léger agacement dans les nerfs, auquel il est fort sujet. Un troisième, doué d'une plus grande sensibilité, et sur-tout d'une mobilité extrême dans les nerfs, a éprouvé plus de douleur et des agacemens plus marqués; mais ces petits accidens sont la suite des variations perpétuelles et ordinaires de l'état de santé, et par conséquent étrangers au magnétisme, ou résultent de la pression exercée sur la région de l'estomac. Les Commissaires ne font même mention de ces légers détails, que par une fidélité scrupuleuse; ils les disent parce qu'ils se sont imposé la loi de dire toujours et sur toute chose la vérité.

Les Commissaires n'ont pu qu'être frappés de la différence du traitement public avec leur traitement particulier au baquet. Le calme et le silence dans l'un, le mouvement et l'agitation dans l'autre; là, des effets multipliés, des crises violentes, l'état habituel du corps et de l'esprit interrompu et troublé, la nature exaltée; ici, le corps sans douleur, l'esprit sans trouble, la nature conservant et son équilibre et son cours ordinaire, en un mot l'absence de tous les effets; on ne retrouve plus cette grande puissance qui étonne au traitement public; le magnétisme sans énergie paraît dépouillé de toute action sensible.

Les Commissaires n'ayant d'abord été au baquet que tous les huit jours, ont voulu éprouver si la continuité ne produirait pas quelque chose; ils y ont été trois jours de suite, mais leur insensibilité a été la même, et ils n'ont obtenu aucun effet. Cette expérience faite et répétée à la fois sur huit sujets, dont plusieurs ont des incommodités habituelles, suffit pour conclure que le magnétisme n'a que peu ou point d'action dans l'état de santé, et même dans cet état de légères infirmités. On a résolu de faire des épreuves sur des personnes réellement malades, et on les a choisies dans la classe du peuple.

Sept malades ont été rassemblés à Passi chez M. *Franklin*; ils ont été magnétisés devant lui et devant les autres Commissaires par M. *Deslon*.

La veuve *Saint-Amand*, asthmatique, ayant le ventre, les cuisses et les jambes enflées; et la femme *Anseaume*, qui avait une grosseur à la cuisse, n'ont rien senti; le petit *Claude*

Renard, enfant de six ans, scrofuleux, presque étique, ayant le genou gonflé, la jambe fléchie et l'articulation presque sans mouvement, enfant intéressant et plus raisonnable que son âge ne le comporte, n'a également rien senti, ainsi que *Geneviève Leroux*, âgée de neuf ans, attaquée de convulsions et d'une maladie assez semblable à celle que l'on nomme *chorea sancti Viti. François Grenet* a éprouvé quelques effets ; il a les yeux malades, particulièrement le droit dont il ne voit presque pas, et où il a une tumeur considérable. Quand on a magnétisé l'œil gauche en approchant, en agitant le pouce de près et assez long-tems, il a éprouvé de la douleur dans le globe de l'œil, et l'œil a larmoyé. Quand on a magnétisé l'œil droit qui est le plus malade, il n'y a rien senti ; il a senti la même douleur à l'œil gauche, et rien partout ailleurs.

La femme *Charpentier* qui a été jetée à terre contre une poutre, par une vache, il y a deux ans, a éprouvé plusieurs suites de cet accident ; elle a perdu la vue, l'a recouvrée en partie, mais elle est restée dans un état d'infirmités habituelles ; elle a déclaré avoir deux descentes, et le ventre d'une sensibilité si grande qu'elle ne peut supporter les cordons de la ceinture de ses jupes : cette sensibilité appartient à des nerfs agacés et rendus très-mobiles; la plus légère pression faite dans la région du ventre, peut déterminer cette mobilité et produire des effets dans tout le corps par la correspondance des nerfs.

Cette femme a été magnétisée comme les autres, par l'application et par la pression des doigts; la pression lui a été douloureuse : ensuite en dirigeant le doigt vers la descente, elle s'est plainte de douleur à la tête; le doigt étant placé devant le visage, elle a dit qu'elle perdait la respiration. Au mouvement réitéré du doigt de haut en bas, elle avait des mouvemens précipités de la tête et des épaules, comme on en a d'une surprise mêlée de frayeur, et semblables à ceux d'une personne à qui on jetterait quelques gouttes d'eau froide au visage. Il a semblé qu'elle éprouvait les mêmes mouvemens ayant les yeux fermés. On lui a porté les doigts sous le nez en lui faisant fermer les yeux, et elle a dit qu'elle se trouverait mal si on continuait. Le septième malade, *Joseph Ennuyé*, a éprouvé des effets du même genre, mais beaucoup moins marqués.

Sur ces sept malades, il y en a quatre qui n'ont rien senti et les trois autres ont éprouvé des effets. Ces effets méritaient de fixer l'attention des Commissaires et demandaient un examen scrupuleux.

Les Commissaires, pour s'éclairer et pour fixer leurs idées à cet égard, ont pris le parti d'éprouver des malades placés dans d'autres circonstances, des malades choisis dans la société, qui ne pussent être soupçonnés d'aucun intérêt et dont l'intelligence fût capable de discuter leurs propres sensations et d'en rendre compte. Mesdames de *B*** et de *V***, Messieurs *M*** et *R**** ont été admis au baquet particulier avec les Commissaires; on les a priés d'observer ce qu'ils sentiraient, mais sans y porter une attention trop suivie. M. *M*** et Mme de *V*** sont les seuls qui aient éprouvé quelque chose. M. *M*** a une tumeur froide sur toute l'articulation du genou, et il sent de la douleur à la rotule. Il a déclaré, après avoir été magnétisé, n'avoir rien éprouvé dans tout le corps, excepté au moment qu'on a promené le doigt devant le genou malade; il a cru sentir alors une légère chaleur à l'endroit où il a habituellement de la douleur. Mme de *V***, attaquée de maux de nerfs, a été plusieurs fois sur le point de s'endormir pendant qu'on la magnétisait. Magnétisée pendant une heure dix-neuf minutes sans interruption, et le plus souvent par l'application des mains, elle a éprouvé seulement de l'agitation et du mal-aise. Ces deux malades ne sont venus qu'une fois au baquet. M. *R*** malade d'un reste d'engorgement dans le foie, à la suite d'une forte obstruction mal guérie, y est venu trois fois, et n'a rien senti. Mlle de *B*** gravement attaquée d'obstructions, y est venue constamment avec les Commissaires, elle n'a rien senti; et il faut observer qu'elle s'est soumise au magnétisme avec une tranquillité parfaite, qui venait d'une grande incrédulité.

Différens malades ont été éprouvés dans d'autres occasions, mais non autour du baquet. Un des Commissaires dans un accès de migraine a été magnétisé par M. *Deslon* pendant une demi-heure; un des symptômes de cette migraine est un froid excessif aux pieds. M. *Deslon* a approché son pied de celui du malade, le pied n'a point été réchauffé, la migraine a eu sa durée ordinaire; et le malade s'étant remis auprès du feu, en a obtenu les effets salutaires que la chaleur lui a constamment procurés, sans avoir éprouvé, ni pendant le jour ni la nuit suivante, aucun effet du magnétisme.

M. *Franklin*, quoique ses incommodités l'aient empêché de se transporter à Paris, et d'assister aux expériences qui y ont été faites, a été lui-même magnétisé par M. *Deslon* qui s'est rendu chez lui à Passi. L'assemblée était nombreuse; tous ceux qui étaient présens ont été magnétisés. Quelques malades qui avaient accompagné M. *Deslon*, ont ressenti les effets du magnétisme, comme ils ont coutume de les ressentir au traitement public ; mais Mme *de B***, M. *Franklin*, ses deux parens, son secrétaire, un officier américain, n'ont rien éprouvé, quoiqu'une des parentes de M. *Franklin* fût convalescente, et l'officier américain alors malade d'une fièvre réglée.

Ces différentes expériences fournissent des faits propres à être rapprochés et comparés, et dont les Commissaires ont pu tirer des conclusions. Sur quatorze malades, il y en a cinq qui ont paru éprouver des effets, et neuf qui n'en ont éprouvé aucun. Celui des Commissaires qui avait la migraine et les pieds glacés, n'a point éprouvé de soulagement du magnétisme, et ses pieds n'ont point été réchauffés. Cet agent n'a donc point la propriété qu'on lui attribue, de communiquer de la chaleur aux pieds. On annonce encore le magnétisme comme propre à faire connaître l'espèce et sur-tout le siége du mal, par la douleur que l'action de ce fluide y porte immanquablement. Cet avantage serait précieux ; le fluide indicateur du mal, serait un grand moyen dans les mains du médecin, souvent trompé par des symptômes équivoques ; mais *François Grenet* n'a éprouvé quelque sensation et quelque douleur qu'à l'œil le moins malade. Si l'autre œil n'avait pas été rouge et tuméfié, on aurait pu le croire intact en jugeant d'après l'effet du magnétisme. M. *R*** et Mme *de B***, tous les deux attaqués d'obstructions, et Mme *de B*** très-gravement, n'ayant rien senti, n'auraient été avertis ni du siége, ni de l'espèce de leur mal. Les obstructions sont cependant des maladies que l'on annonce comme plus particulièrement soumises à l'action du magnétisme; puisque, suivant la nouvelle théorie, la circulation libre et rapide de ce fluide par les nerfs, est un moyen de débarrasser les canaux et de détruire les obstacles, c'est-à-dire, les engorgemens qu'il y rencontre. On dit en même tems que le magnétisme est la pierre de touche de la santé : si M. *R*** et Mme *de B*** n'avaient pas éprouvé les dérangemens et les souffrances inséparables des obstructions, ils auraient été fondés à se croire dans la meilleure santé du monde. On en doit dire autant de l'officier américain : le magnétisme annoncé comme indicateur des maux, a donc absolument manqué son effet.

La chaleur que M. *M*** a sentie à la rotule, est un effet trop léger et trop fugitif pour en rien conclure. On peut soupçonner qu'il vient de la cause développée ci-dessus, c'est-à-dire, de trop d'attention à s'observer : la même attention retrouverait des sensations semblables dans tout autre moment où le magnétisme ne serait pas employé. L'assoupissement éprouvé par Mme *de V***, vient sans doute de la constance et de l'ennui de la même situation; si elle a eu quelque mouvement vaporeux, on sait que le propre des affections de nerfs, est de tenir beaucoup à l'attention qu'on y fait; il suffit d'y penser ou d'en entendre parler pour les faire renaître. On peut juger de ce qui doit arriver à une femme dont les nerfs sont très-mobiles, et qui magnétisée durant une heure dix-neuf minutes, n'a pendant ce tems d'autre pensée que celle des maux qui lui sont habituels. Elle aurait pu avoir une crise nerveuse plus considérable, sans qu'on dût en être surpris.

Il ne reste donc que les effets produits sur la femme *Charpentier*, sur *François Grenet* et sur *Joseph Ennuyé*, qui puissent paraître appartenir au magnétisme. Mais alors, en comparant ces trois faits particuliers à tous les autres, les commissaires ont été étonnés que ces trois malades de la classe du peuple, soient les seuls qui aient senti quelque chose, tandis que ceux qui sont dans une classe plus élevée, doués de plus de lumières, plus capables de rendre compte de leurs sensations, n'ont rien éprouvé. Sans doute *François Grenet* a éprouvé de la douleur à l'œil et un larmoiement, parce qu'on a approché le pouce très-près de son œil; la femme *Charpentier* s'est plainte qu'en touchant à l'estomac la pression répondait à sa descente; et cette pression peut avoir produit une partie des effets que la femme a éprouvés; mais les Commissaires ont soupçonné que ces effets avaient été augmentés par des circonstances morales.

Représentons-nous la position d'une personne du peuple, par conséquent ignorante, attaquée d'une maladie et désirant de guérir, amenée avec appareil devant une grande assemblée composée en partie de médecins, où on lui administre un traitement tout-à-fait nouveau pour elle, et dont elle se persuade d'avance qu'elle va éprouver des prodiges. Ajoutons que sa complaisance est payée, et qu'elle croit nous satisfaire davantage, en disant qu'elle éprouve des effets, et nous aurons des causes naturelles pour expliquer ces effets; nous aurons du moins des raisons légitimes de douter que leur vraie cause soit le magnétisme.

D'ailleurs, on peut demander pourquoi le magnétisme a eu ses effets sur des gens qui savaient ce qu'on leur faisait, qui pouvaient croire avoir intérêt à dire ce qu'ils ont dit, tandis qu'il n'a eu aucune prise sur le petit

Claude Renard, sur cette organisation délicate de l'enfance, si mobile et si sensible? la raison et l'ingénuité de cet enfant assurent la vérité de son témoignage. Pourquoi cet agent n'a-t-il rien produit sur *Geneviève Leroux*, qui était dans un état perpétuel de convulsions? Elle a certainement des nerfs mobiles, comment le magnétisme ne s'est-il pas manifesté, soit en augmentant, soit en diminuant ses convulsions? Son indifférence et son impassibilité portent à croire qu'elle n'a rien senti, parce que l'absence de sa raison ne lui a pas permis de juger qu'elle dût sentir quelque chose.

Ces faits ont permis aux commissaires d'observer que le magnétisme a semblé être nul pour ceux des malades qui s'y sont soumis avec quelque incrédulité; que les commissaires, même ceux qui ont des nerfs plus mobiles, ayant détourné exprès leur attention, s'étant armés du doute philosophique qui doit accompagner tout examen, n'ont point éprouvé les impressions qu'ont ressenties les trois malades de la classe du peuple, et ils ont dû soupçonner que ces impressions, en les supposant toutes réelles, étaient la suite d'une persuasion anticipée, et pouvaient être un effet de l'imagination. Il en a résulté un autre plan d'expériences. Leurs recherches vont être désormais dirigées vers un nouvel objet : il s'agit de détruire ou de confirmer ce soupçon, de déterminer jusqu'à quel point l'imagination peut influer sur nos sensation, et de constater si elle peut être la cause en tout ou en partie des effets attribués au magnétisme.

Alors les Commissaires ont entendu parler des expériences qui ont été faites chez M. le Doyen de la Faculté, par M. *Jumelin*, docteur en médecine; ils ont désiré de voir ces expériences, et ils se sont rassemblés avec lui chez l'un d'eux, M. *Majault*. M. *Jumelin* leur a déclaré qu'il n'était disciple ni de M. *Mesmer*, ni de M. *Deslon*, il n'a rien appris d'eux sur le magnétise animal; et sur ce qu'il en a entendu dire, il a conçu des principes et s'est fait des procédés. Ses principes consistent à regarder le fluide magnétique animal comme un fluide qui circule dans les corps, et qui en émane, mais qui est essentiellement le même que celui qui fait la chaleur; fluide qui, comme tous les autres, tendant à l'équilibre, passe du corps qui en a le plus dans celui qui en a le moins. Ses procédés sont également différens de ceux de MM. *Mesmer* et *Deslon*; il magnétise comme eux avec le doigt et la baguette de fer conducteurs, et par l'application des mains, mais sans aucune distinction des pôles.

Huit hommes et deux femmes ont d'abord été magnétisés et n'ont rien senti ; enfin une femme qui est portière de M. *Alphonse Leroy*, docteur en médecine, ayant été magnétisée au front, mais sans la toucher, a dit qu'elle sentait de la chaleur. M. *Jumelin* promenant sa main, et présentant les cinq extrémités de ses doigts sur tout le visage de la femme, elle a dit qu'elle sentait comme une flamme qui se promenait : magnétisée à l'estomac, elle a dit y sentir de la chaleur ; magnétisée sur le dos, elle a dit y sentir la même chaleur : elle a déclaré de plus, qu'elle avait chaud dans tout le corps et mal à la tête.

Les Commissaires voyant que sur onze personnes soumises à l'expérience, une seule avait été sensible au magnétisme de M. *Jumelin*, ont pensé que celle-ci n'avait éprouvé quelque chose que parce qu'elle avait sans doute l'imagination plus facile à ébranler ; l'occasion était favorable pour s'en éclaircir. La sensibilité de cette femme étant bien prouvée, il ne s'agissait que de la mettre à l'abri de son imagination, ou du moins de mettre son imagination en défaut. Les Commissaires ont proposé de lui bander les yeux, afin d'observer quelles seraient ses sensations lorsqu'on opérerait à son insu. On lui a bandé les yeux et on l'a magnétisée ; alors les phénomènes n'ont plus répondu aux endroits où on a dirigé le magnétisme. Magnétisée successivement sur l'estomac et dans le dos, la femme n'a senti que de la chaleur à la tête, de la douleur dans l'œil droit, dans l'œil et dans l'oreille gauches.

On lui a débandé les yeux, et M. *Jumelin* lui ayant appliqué ses mains sur les hypocondres, elle a dit y sentir de la chaleur; puis au bout de quelques minutes, elle a dit qu'elle allait se trouver mal, et elle s'est trouvée mal en effet. Lorsqu'elle a été bien revenue à elle, on l'a reprise, on lui a bandé les yeux, on a écarté M. *Jumelin*, recommandé le silence, et on a fait accroire à la femme qu'elle était magnétisée. Les effets ont été les mêmes quoiqu'on n'agît sur elle ni de près, ni de loin; elle a éprouvé la même chaleur, la même douleur dans les yeux et dans les oreilles; elle a senti de plus de la chaleur dans le dos et dans les reins.

Au bout d'un quart d'heure, on a fait signe à M. *Jumelin* de la magnétiser à l'estomac, elle n'y a rien senti, au dos de même. Les sensations ont diminué au lieu d'augmenter. Les douleurs de la tête sont restées, la chaleur du dos et des reins a cessé.

On voit qu'il y a eu ici des effets produits, et ces effets sont semblables à ceux qu'ont éprouvés les trois malades dont il a été question ci-dessus. Mais les uns et les autres ont été obtenus par des procédés différens; il s'ensuit que les procédés n'y font rien. La méthode de MM. *Mesmer* et *Deslon*, et une méthode opposée donnent également les mêmes phénomènes. La distinction des pôles est donc chimérique.

On peut observer que quand la femme y voyait, elle plaçait ses sensations précisément à l'endroit magnétisé; au lieu que quand elle n'y voyait pas, elle les plaçait au hasard, et dans des parties très-éloignées des endroits où on dirigeait le magnétisme. Il a été naturel de conclure que l'imagination déterminait ces sensations vraies ou fausses. On en a été convaincu quand on a vu qu'étant bien reposée, ne sentant plus rien, et ayant les yeux bandés, cette femme éprouvait tous les mêmes effets, quoiqu'on ne la magnétisât pas; mais la démonstration a été complète, lorsqu'après une séance d'un quart-d'heure, son imagination s'étant sans doute lassée et refroidie, les effets au lieu d'augmenter ont diminué au moment où la femme a été réellement magnétisée.

Si elle s'est trouvée mal, cet accident arrive quelquefois aux femmes, lorsqu'elles sont serrées et gênées dans leurs vêtemens. L'application des mains aux hypocondres a pu produire le même effet sur une femme excessivement sensible; mais on n'a pas même besoin de cette cause pour expliquer le fait. Il faisait alors très-chaud, la femme avait éprouvé sans doute de l'émotion dans les premiers momens, elle a fait effort pour se soumettre à un traitement nouveau, inconnu, et après un effort trop long-tems soutenu, il n'est pas extraordinaire de tomber en faiblesse.

Cet évanouissement a donc une cause naturelle et connue, mais les sensations qu'elle a éprouvées lorsqu'on ne la magnétisait pas, ne peuvent être que l'effet de l'imagination. Par des expériences semblables que M. *Jumelin* a faites au même lieu, le lendemain, en présence des Commissaires, sur un homme les yeux bandés, et sur une femme les yeux découverts, on a eu les mêmes résultats; on a reconnu que leurs réponses étaient évidemment déterminées par les questions qu'on leur faisait. La question indiquait où devait être la sensation; au lieu de diriger sur eux le magnétisme, on ne faisait que monter et diriger leur imagination. Un enfant de cinq ans, magnétisé ensuite, n'a senti que la chaleur qu'il avait précédemment contractée en jouant.

Ces expériences ont paru assez importantes aux Commissaires, pour leur faire désirer de les répéter, afin d'obtenir de nouvelles lumières, et M. *Jumelin* a eu la complaisance de s'y prêter.

Il serait inutile d'objecter que la méthode de M. *Jumelin* est mauvaise; car on ne se proposait pas dans ce moment d'éprouver le magnétisme, mais l'imagination.

Les Commissaires sont convenues de bander les yeux des sujets éprouvés, de ne point les magnétiser le plus souvent, et de faire les questions avec assez d'adresse pour leur indiquer les réponses. Cette marche ne devait pas les induire en erreur, elle ne trompait que leur imagination. En effet, lorsqu'ils ne sont point magnétisés, leur seule réponse doit être qu'ils ne sentent rien; et lorsqu'ils le sont, c'est l'impression sentie qui doit dicter leur réponse, et non la manière dont ils sont interrogés.

En conséquence les Commissaires s'étant transportés chez M. *Jumelin*, on a commencé par éprouver son domestique. On lui a appliqué sur les yeux un bandeau, préparé exprès, et qui a servi dans toutes les expériences suivantes. Ce bandeau était composé de deux calottes de gomme élastique, dont la concavité était remplie par de l'édredon; le tout enfermé et cousu dans deux morceaux d'étoffe taillés en rond. Ces deux pièces étaient attachées l'une à l'autre; elles avaient des cordons qui se liaient par-derrière. Placées sur les yeux, elles laissaient dans leur intervalle la place du nez et toute liberté pour la respiration sans qu'on pût rien voir, même la lumière du jour, ni au travers, ni au-dessus, ni au-dessous du bandeau. Ces précautions prises pour la commodité des sujets éprouvés et pour la certitude des résultats, on a persuadé au domestique de M. *Jumelin* qu'il était magnétisé. Alors il a senti une chaleur presque générale, des mouvemens dans le ventre, la tête s'est appesantie; peu-à-peu il s'est assoupi, et a paru sur le point de s'endormir: ce qui prouve, comme on l'a dit plus haut, que cet effet tient à la situation, à l'ennui, et non au magnétisme.

Magnétisé ensuite les yeux découverts, en lui présentant la baguette de fer au front, il y sent des picotemens: les yeux rebandés, quand on la lui présente, il ne la sent point; et quand on ne la lui présente pas, interrogé s'il ne sent rien au front, il déclare qu'il sent quelque chose aller et revenir dans la largeur du front.

M. *B***, homme instruit, et particulièrement en médecine, les yeux bandés, offre le même spectacle; éprouvant des effets lorsqu'on n'agit pas, n'éprouvant souvent rien lorsqu'on agit. Ces effets ont même été tels qu'avant d'avoir été magnétisé en aucune manière, mais croyant l'être depuis dix minutes, il sentait dans les lombes une chaleur qu'il comparait à celle d'un poêle. Il est évident que M. *B*** avait une sensation forte, puisque, pour en donner l'idée, il a eu besoin de recourir à une pareille comparaison; et cette sensation il ne la devait qu'à l'imagination, qui seule agissait sur lui.

Les Commissaires, sur-tout les médecins, ont fait une infinité d'expériences sur différens sujets qu'ils ont eux-mêmes magnétisés, ou à qui ils ont fait croire qu'ils étaient magnétisés. Ils ont indifféremment magnétisé, ou à pôles opposés, ou à pôles directs et à contre-sens, et dans tous les cas, ils ont obtenu les mêmes effets : il n'y a eu dans toutes ces épreuves d'autre différence que celle des imaginations plus ou moins sensibles (1). Ils se sont donc convaincus par les

---

(1) M. *Sigault*, docteur en médecine de la Faculté de Paris, connu pour avoir imaginé l'opération de la symphyse, a fait plusieurs expériences qui prouvent que le magnétisme n'est que l'effet de l'imagination. Voici le détail qu'il en a donné dans une lettre datée du 30 juillet, et adressée à l'un des Commissaires.

« Ayant laissé croire dans une grande maison, au Marais, que » j'étais adepte de M. *Mesmer*, j'ai produit sur une dame diffé- » rens effets. Le ton, l'air sérieux que j'affectai, joint à des » gestes, lui firent une très-grande impression qu'elle voulut » d'abord me dissimuler; mais ayant porté ma main sur la région » du cœur, j'ai senti qu'il palpitait. Son état d'oppression désignait » d'ailleurs un resserrement dans la poitrine. A ces symptômes, » s'en joignirent bientôt d'autres; la face devint convulsive, les » yeux se troublèrent; elle tomba enfin évanouie, vomit ensuite » son dîner, eut plusieurs garde-robes, et s'est trouvée dans un

faits, que l'imagination seule peut produire différentes sensations et faire éprouver de la douleur, de la chaleur, même une chaleur considérable dans toutes les parties du corps, et ils

---

» état de faiblesse et d'affaissement incroyable. J'ai répété le » même manège sur plusieurs personnes, avec plus ou moins de » succès, selon leur degré de croyance et de sensibilité.

» Un artiste célèbre, qui donne des leçons de dessin aux » enfans d'un de nos princes, se plaignait depuis quelques » jours d'une grande migraine; il m'en fit part sur le Pont-» Royal; lui ayant persuadé que j'étais initié dans les mystères » de M. *Mesmer*, presqu'aussitôt, au moyen de quelques gestes, » j'enlevai sa douleur à son grand étonnement.

» J'ai produit les mêmes effets sur un garçon chapelier at-» taqué aussi d'une migraine; mais celui-ci n'éprouvant rien à » mes premiers gestes, je lui portai ma main sur les fausses » côtes, en lui disant de me regarder. Dès-lors il éprouva un » serrement de poitrine, des palpitations, des bâillemens, et un » très-grand mal-aise. Il ne douta plus, dès ce moment, du pou-» voir que j'avais sur lui. En effet, ayant porté mon doigt sur la » partie affectée, je l'interrogeai sur ce qu'il éprouvait. Il me » répondit que sa douleur descendait. Je lui assurai que j'allais » la diriger vers le bras et la faire sortir par le pouce, que je lui » serrai vivement. Il me crut sur ma parole, et fut soulagé pen-» dant deux heures. A cette époque, il m'arrêta dans la rue, » pour me dire que sa douleur était revenue. Cet effet est, ce » me semble, le même que celui que produit le dentiste sur » le moral de ceux qui vont chez lui pour se faire tirer une » dent.

» Dernièrement encore, étant au parloir dans un couvent, » rue du Colombier, faubourg Saint-Germain une jeune dame » me dit : Vous allez donc chez M. *Mesmer?* Oui, lui dis-je ; » et à travers la grille je puis vous magnétiser. En même tems » je lui présentai le doigt ; elle s'effraya, se trouva saisie, et me » pria en grâce de cesser. Elle était tellement émue, que si

ont conclu qu'elle entre nécessairement pour beaucoup dans les effets attribués au magnétisme animal. Mais il faut convenir que la pratique du magnétisme produit dans le corps animé, des changemens plus marqués et des dérangemens plus considérables que ceux qui viennent d'être rapportés. Aucun des sujets qui ont cru être magnétisés jusqu'ici, n'a été ébranlé jusqu'à avoir des convulsions ; c'était donc un nouvel objet d'expérience, que d'éprouver si, en remuant seulement l'imagination, on pourrait produire des crises semblables à celles qui ont lieu au traitement public.

Alors plusieurs expériences ont été déterminées par cette vue. Lorsqu'un arbre a été touché suivant les principes et la méthode du magnétisme, toute personne qui s'y arrête doit éprouver plus ou moins les effets de cet agent ; il en est même qui y perdent connaissance ou qui y éprouvent des convulsions. On en parla à

» j'eusse insisté davantage, elle serait tombée infailliblement en » convulsions. »

M. *Sigault* a raconté qu'il avait éprouvé lui-même le pouvoir de l'imagination. Un jour qu'il était question de le magnétiser pour le convaincre, il sentit, au moment qu'on se détermina à le toucher, un resserrement de poitrine et des palpitations. Mais s'étant bientôt rassuré, on employa vainement tous les gestes et tous les procédés du magnétisme, qui ne firent aucune impression sur lui.

M. *Deslon*, qui répondit que l'expérience devait réussir pourvu que le sujet fût fort sensible; et on convint avec lui de la faire à Passy en présence de M. *Franklin*. La nécessité que le sujet fût sensible, fit penser aux Commissaires que pour rendre l'expérience décisive et sans réplique, il fallait qu'elle fût faite sur une personne choisie par M. *Deslon*, et dont il aurait éprouvé d'avance la sensibilité au magnétisme. M. *Deslon* a donc amené avec lui un jeune homme d'environ douze ans; on a marqué dans le verger du jardin un abricotier bien isolé, et propre à conserver le magnétisme qu'on lui aurait imprimé. On y a mené M. *Deslon* seul, pour qu'il le magnétisât, le jeune homme étant resté dans la maison et avec une personne qui ne l'a pas quitté. On aurait désiré que M. *Deslon* ne fût pas présent à l'expérience, mais il a déclaré qu'elle pourrait manquer s'il ne dirigeait pas sa canne et ses regards sur cet arbre pour en augmenter l'action. On a pris le parti d'éloigner M. *Deslon* le plus possible et de placer des Commissaires entre lui et le jeune homme, afin de s'assurer qu'il ne ferait point de signal, et de pouvoir répondre qu'il n'y avait point eu d'intelligence. Ces précautions, dans une expérience qui doit être authentique, sont indispensables sans être offensantes.

On a ensuite amené le jeune homme les yeux bandés, et on l'a présenté successivement à quatre arbres qui n'étaient point magnétisés, en les lui faisant embrasser, chacun pendant deux minutes, suivant ce qui avait été réglé par M. *Deslon* lui-même.

M. *Deslon* présent et à une assez grande distance, dirigeait sa canne sur l'arbre réellement magnétisé.

Au premier arbre, le jeune homme interrogé au bout d'une minute, a déclaré qu'il suait à grosses gouttes; il a toussé, craché, et il a dit sentir une petite douleur sur la tête; la distance à l'arbre magnétisé était environ de vingt-sept pieds.

Au second arbre, il se sent étourdi, même douleur sur la tête; la distance était de trente-six pieds.

Au troisième arbre, l'étourdissement redouble ainsi que le mal de tête; il dit qu'il croit approcher de l'arbre magnétisé; il en était alors environ à trente-huit pieds.

Enfin au quatrième arbre non magnétisé, et à vingt-quatre pieds environ de distance de l'arbre qui l'avait été, le jeune homme est tombé en crise; il a perdu connaissance, ses membres se sont roidis, et on l'a porté sur un gazon voisin, où M. *Deslon* lui a donné des secours et l'a fait revenir.

Le résultat de cette expérience est entièrement contraire au magnétisme. M. *Deslon* a voulu expliquer le fait, en disant que tous les arbres sont magnétisés par eux-mêmes, et que leur magnétisme était d'ailleurs renforcé par sa présence. Mais alors une personne sensible au magnétisme ne pourrait hasarder d'aller dans un jardin sans risquer d'avoir des convulsions; cette assertion serait démentie par l'expérience de tous les jours. La présence de M. *Deslon* n'a rien fait de plus que ce qu'elle a fait dans le carrosse où le jeune homme est venu avec lui, placé vis-à-vis de lui, et où il n'a rien éprouvé. Si le jeune homme n'eût rien senti, même sous l'arbre magnétisé, on aurait pu dire qu'il n'était pas assez sensible, du moins ce jour-là : mais le jeune homme est tombé en crise sous un arbre qui n'était pas magnétisé; c'est par conséquent un effet qui n'a point de cause physique, de cause extérieure, et qui n'en peut avoir d'autre que l'imagination. L'expérience est donc tout-à-fait concluante : le jeune homme savait qu'on le menait à l'arbre magnétisée, son imagination s'est frappée, successivement exaltée, et au quatrième arbre elle a été montée au degré nécessaire pour produire la crise.

D'autres expériences viennent à l'appui de celle-ci, et fournissent le même résultat. Un jour que les Commissaires se sont tous réunis à Passy chez M. *Franklin*, et avec M. *Deslon*, ils avaient prié ce dernier d'amener avec lui des malades, et de choisir dans le traitement des pauvres ceux qui seraient le plus sensibles au magnétisme. M. *Deslon* a amené deux femmes, et tandis qu'il était occupé à magnétiser M. *Franklin* et plusieurs personnes dans un autre appartement, on a séparé ces deux femmes, et on les a placées dans deux pièces différentes.

L'une, la femme *P***, a des taies sur les yeux; mais comme elle voit toujours un peu, on lui a cependant couvert les yeux du bandeau décrit ci-dessus. On lui a persuadé qu'on avait amené M. *Deslon* pour la magnétiser : le silence était recommandé; trois Commissaires étaient présens, l'un pour interroger, l'autre pour écrire, le troisième pour représenter M. *Deslon*. On a eu l'air d'adresser la parole à M. *Deslon*, en le priant de commencer, mais on n'a point magnétisé la femme; les trois Commissaires sont restés tranquilles, occupés seulement à observer ce qui allait se passer. Au bout de trois minutes la malade a commencé à sentir un frisson nerveux; puis successivement elle a senti une douleur derrière la tête, dans les bras, un fourmillement dans les mains, c'est son expression; elle se roidissait, frappait dans ses mains, se levait de son siége, frappait des pieds : la crise a été bien caractérisée. Deux autres Commissaires placés dans la pièce à côté, la porte fermée, ont entendu les battemens de pieds et de mains, et sans rien voir ont été les témoins de cette scène bruyante.

Ces deux Commissaires étaient avec l'autre malade, la demoiselle *B***, attaquée de maux de nerfs. On lui a laissé la vue libre et les yeux découverts, on l'a assise devant une porte fermée, en lui persuadant que M. *Deslon* était de l'autre côté, occupé à la magnétiser. Il y avait à peine une minute qu'elle était assise devant cette porte, quand elle a commencé à sentir du frisson; après une autre minute, elle a eu un claquement de dents, et cependant une chaleur générale; enfin, après une troisième minute, elle est tombée tout-à-fait en crise. La respiration était précipitée, elle étendait les deux bras derrière le dos, en les tordant fortement, et en penchant le corps en devant : il y a eu tremblement général de tout le corps; le claquement de dents est devenu si bruyant, qu'il pouvait être entendu de dehors; elle s'est mordu la main et assez fort pour que les dents soient restées marquées.

Il est bon d'observer qu'on n'a touché en aucune manière ces deux malades; on ne leur a pas même tâté le pouls, afin qu'on ne pût pas dire qu'on leur avait communiqué le magnétisme, et cependant les crises ont été complètes. Les Commissaires, qui ont voulu connaître l'effet du travail de l'imagination et apprécier la part qu'elle pouvait avoir aux crises du magnétisme, ont obtenu tout ce qu'ils désiraient. Il est impossible de voir l'effet de ce travail plus à découvert et d'une manière plus évidente que dans ces deux expériences. Si les malades ont déclaré que leurs crises sont plus fortes au traitement, c'est que l'ébranlement des nerfs se communique, et qu'en général toute émotion propre et individuelle est augmentée par le spectacle d'émotions semblables.

On a eu occasion d'éprouver une seconde fois la femme *P***, et de reconnaître combien elle était dominée par son imagination. On voulait faire l'expérience de la tasse magnétisée : cette expérience consiste à choisir dans un nombre de tasses une tasse que l'on magnétise. On les présente successivement à un malade sensible au magnétisme; il doit tomber en crise, ou du moins éprouver des effets sensibles lorsqu'on lui présente la tasse magnétisée; il doit être indifférent à toutes celles qui ne le sont pas. Il faut seulement, comme l'a recommandé M. *Deslon*, les lui présenter à pôle direct, afin que celui qui tient la tasse ne magnétise pas le malade, et qu'on ne puisse avoir d'autre effet que celui du magnétisme de la tasse.

La femme *P*** a été mandée à l'Arsenal chez M. *Lavoisier* où était M. *Deslon;* elle a commencé par tomber en crise dans l'antichambre, avant d'avoir vu ni les Commissaires ni M. *Deslon;* mais elle savait qu'elle devait le voir, et c'est un effet bien marqué de l'imagination.

Lorsque la crise a été calmée, on a amené la femme dans le lieu de l'expérience. On lui a présenté plusieurs tasses de porcelaine qui n'étaient point magnétisées; la seconde tasse a commencé à l'émouvoir, et à la quatrième elle est tombée tout-à-fait en crise. On peut répondre que son état actuel était un état de crise, qui avait commencé dès l'antichambre et qui se renouvelait de lui-même; mais ce qui est décisif, c'est qu'ayant demandé à boire, on lui en a donné dans la tasse magnétisée par M. *Deslon* lui-même; elle a bu tranquillement et a dit qu'elle était bien soulagée. La tasse et le magnétisme ont donc manqué leur effet, puisque la crise a été calmée au lieu d'être augmentée.

Quelque tems après, pendant que M. *Majault* examinait les taies qu'elle a sur les yeux, on lui a présenté derrière la tête la tasse magnétisée, et cela pendant douze minutes ; elle ne s'en est point aperçue et n'a éprouvé aucun effet ; elle n'a même dans aucun moment été plus tranquille, parce que son imagination était distraite, et occupée de l'examen qu'on faisait de ses yeux.

On a raconté aux Commissaires que cette femme étant seule dans l'anti-chambre, différentes personnes étrangères au magnétisme s'étaient approchées d'elle, et que les mouvemens convulsifs avaient recommencé. On lui a fait observer qu'on ne la magnétisait pas ; mais son imagination était tellement frappée, qu'elle a répondu : si vous ne me faisiez rien, je ne serais pas dans l'état où je suis. Elle savait qu'elle était venue pour être soumise à des expériences ; l'approche de quelqu'un, le moindre bruit attirait son attention, réveillait l'idée du magnétisme, et renouvelait les convulsions.

L'imagination pour agir puissamment a souvent besoin que l'on touche plusieurs cordes à la fois. L'imagination répond à tous les sens ; sa réaction doit être proportionnée et au nombre de sens qui l'ébranlent, et à celui des sensations reçues : c'est ce que les Commissaires ont reconnu par une expérience dont ils vont rendre compte. M. *Jumelin* leur avait parlé d'une demoiselle, âgée de 20 ans, à qui il a fait perdre la parole par le pouvoir du magnétisme; les Commissaires ont répété cette expérience chez lui, la demoiselle a consenti à s'y prêter et à se laisser bander les yeux.

On a d'abord tâché d'obtenir le même effet sans la magnétiser; mais quoiqu'elle ait senti ou cru sentir des effets du magnétisme, on n'a pu parvenir à frapper assez son imagination pour que l'expérience réussît. Quand on l'a magnétisée réellement, en lui laissant les yeux bandés, on n'a pas eu plus de succès. On lui a débandé les yeux; alors l'imagination a été ébranlée à la fois par la vue et par l'ouïe, les effets ont été plus marqués; mais quoique la tête commençât à s'appesantir, quoiqu'elle sentît de l'embarras à la racine du nez, et une grande partie des symptômes qu'elle avait éprouvés la première fois, cependant la parole ne se perdait pas. Elle a observé elle-même qu'il fallait que la main qui la magnétisait au front, descendît vis-à-vis du nez, se souvenant que la main était ainsi placée lorsqu'elle a perdu la voix. On a fait ce qu'elle demandait, et en trois quarts de minute elle est devenue muette; on n'entendait plus que quelques sons inarticulés et sourds, malgré les efforts visibles du gosier pour pousser le son, et ceux de la langue et des lèvres pour l'articuler. Cet état a duré seulement une minute : on voit que se trouvant précisément dans les mêmes circonstances, la séduction de l'esprit et son effet sur les organes de la voix ont été les mêmes. Mais ce n'était pas assez que la parole l'avertît qu'elle était magnétisée, il a fallu que la vue lui portât un témoignage plus fort et plus capable d'ébranler ; il a fallu encore qu'un geste déjà connu, réveillât ses idées. Il semble que cette expérience montre merveilleusement comment l'imagination agit, se monte par degrés, et a besoin de plus de secours extérieurs pour être plus efficacement ébranlée.

Ce pouvoir de la vue sur l'imagination explique les effets que la doctrine du magnétisme attribue au regard. Le regard a éminemment la puissance de magnétiser ; les signes, les gestes employés ne font communément rien, a-t-on dit aux Commissaires, que sur un sujet dont on s'est précédemment emparé, en lui jetant un regard. La raison en est simple ; c'est dans les yeux, où sont déposés les traits les plus expressifs des passions, c'est là que se déploie tout ce que le caractère a de plus imposant et de plus séducteur. Les yeux doivent donc avoir un grand pouvoir sur nous ; mais ils n'ont ce pouvoir que parce qu'ils ébranlent l'imagination, et d'une manière plus ou moins exagérée suivant la force de cette imagination. C'est donc au regard à commencer tout l'ouvrage du magnétisme; et l'effet en est si puissant, il a des traces si profondes, qu'une femme nouvellement arrivée chez M. *Deslon*, ayant rencontré, en sortant de crise, les regards d'un de ses disciples qui la magnétisait, le fixa pendant trois-quarts d'heure. Elle a été long-tems poursuivie par ce regard; elle voyait toujours devant elle ce même œil attaché à la regarder; et elle l'a porté constamment dans son imagination pendant trois jours, dans le sommeil comme dans la veille. On voit tout ce que peut produire une imagination capable de conserver si long-tems la même impression, c'est-à-dire, de renouveler elle-même, et par sa propre puissance, la même sensation pendant trois jours.

Les expériences qu'on vient de rapporter sont uniformes et sont également décisives; elles autorisent à conclure que l'imagination est la véritable cause des effets attribués au magnétisme. Mais les partisans de ce nouvel agent répondront peut-être que l'identité des effets ne prouve pas toujours l'identité des causes. Ils accorderont que l'imagination peut exciter ces impressions sans magnétisme; mais ils soutiendront que le magnétisme peut aussi les exciter sans elle. Les Commissaires détruiraient facilement cette assertion par le raisonnement et par les principes de la physique : le premier de tous est de ne point admettre de nouvelles causes, sans une nécessité absolue. Lorsque les effets observés peuvent avoir été produits par une cause existante, et que d'autres phénomènes ont déjà manifestée, la saine physique enseigne que les effets observés doivent lui être attribués; et lorsqu'on annonce avoir découvert une cause jusqu'alors inconnue, la saine physique exige également qu'elle soit établie, démontrée par des effets qui n'appartiennent à aucune cause connue, et qui ne puissent être expliqués que par la cause nouvelle. Ce serait donc aux partisans du magnétisme à présenter d'autres preuves, et à chercher des effets qui fussent entièrement dépouillés des illusions de l'imagination. Mais comme les faits sont plus démonstratifs que le raisonnement, et ont une évidence qui frappe davantage, les Commissaires ont voulu éprouver par l'expérience ce que ferait le magnétisme lorsque l'imagination n'agirait pas.

On a disposé dans un appartement deux pièces contiguës, et unies par une porte de communication. On avait enlevé la porte et on lui avait substitué un châssis, couvert et tendu d'un double papier. Dans l'une de ces pièces était un des Commissaires pour écrire tout ce qui se passerait, et une dame annoncée pour être de province, et pour avoir du linge à faire travailler. On avait mandé la demoiselle *B***, ouvrière en linge, déjà employée dans les expériences de Passi, et dont on connaissait la sensibilité au magnétisme. Lorsqu'elle est arrivée, tout était arrangé de manière qu'il n'y avait qu'un seul siége où elle pût s'asseoir, et ce siége était placé dans l'embrasure de la porte de communication où elle s'est trouvée comme dans une niche.

Les Commissaires étaient dans l'autre pièce, et l'un d'eux, médecin, exercé à magnétiser, et ayant déjà produit des effets, a été chargé de magnétiser la demoiselle *B*** à travers le châssis de papier. C'est un principe de la théorie du magnétisme, que cet agent passe à travers les portes de bois, les murs, etc. Un châssis de papier ne pouvait lui faire obstacle; d'ailleurs M. *Deslon* a établi positivement que le magnétisme passe à travers le papier; et la demoiselle *B*** était magnétisée comme si elle eût été à découvert et en sa présence.

Elle l'a été en effet, pendant une demi-heure, à un pied et demi de distance à pôles opposés, en suivant toutes les règles enseignées par M. *Deslon*, et que les Commissaires ont vu pratiquer chez lui. Pendant tout ce tems, la demoiselle *B* ** a fait gaiement la conversation ; interrogée sur sa santé, elle a répondu librement qu'elle se portait fort bien : à Passi elle est tombée en crise au bout de trois minutes ; ici elle a supporté le magnétisme sans aucun effet pendant trente minutes. C'est qu'ici elle ignorait être magnétisée, et qu'à Passi elle croyait l'être. On voit donc que l'imagination seule produit tous les effets attribués au magnétisme; et lorsque l'imagination n'agit pas, il n'y a plus d'effets.

On ne peut faire qu'une objection à cette expérience ; c'est que la demoiselle *B*** pouvait être mal disposée, et se trouver moins sensible dans ce moment au magnétisme. Les Commissaires ont prévu l'objection et ont fait en conséquence l'expérience suivante. Aussitôt qu'on a cessé de magnétiser à travers le papier, le même Médecin-Commissaire a passé dans l'autre pièce; il lui a été facile d'engager la demoiselle *B*** à se laisser magnétiser. Alors il a commencé à la magnétiser, en observant, comme dans l'expérience précédente, de se tenir à un pied et demi de distance, de n'employer que des gestes, et les mouvemens du doigt index et de la baguette de fer; car, s'il eût appliqué les mains et touché les hypocondres, on aurait pu dire que le magnétisme avait agi par cette application plus immédiate. La seule différence qu'il y a eu entre ces deux expériences, c'est que dans la première, il a magnétisé à pôles opposés en suivant les règles, au lieu que dans la seconde, il a magnétisé à pôles directs et à contre-sens. En agissant ainsi, on ne devait produire aucun effet, suivant la théorie du magnétisme.

Cependant, après trois minutes, la demoiselle *B*** a senti un mal-aise, de l'étouffement; il est survenu successivement un hoquet entre-coupé, un claquement de dents, un serrement à la gorge, un grand mal de tête; elle s'est agitée avec inquiétude sur sa chaise; elle s'est plainte des reins; elle frappait quelquefois prestement de son pied sur le parquet; puis elle étendait ses bras derrière le dos, en les tordant fortement comme à Passi; en un mot, la crise convulsive a été complète et parfaitement caractérisée. Elle a eu tous ces accidens en douze minutes, tandis que le même traitement employé pendant trente minutes l'a trouvée insensible. Il n'y a de plus ici que l'imagination, c'est donc à elle que ces effets appartiennent.

Si l'imagination a fait commencer la crise, c'est encore l'imagination qui l'a fait cesser. Le Commissaire qui la magnétisait a dit qu'il était tems de finir; il lui a présenté ses deux doigts index en croix; et il est bon d'observer que par-là il la magnétisait à pôles directs comme il avait fait jusqu'alors; il n'y avait donc rien de changé, le même traitement devait continuer les mêmes impressions. Mais l'intention a suffi pour calmer la crise; la chaleur et le mal de tête se sont dissipés. On a toujours poursuivi le mal de place en place, en annonçant qu'il allait disparaître. C'est ainsi qu'à la voix qui commandait à l'imagination, la douleur du cou a cessé, puis successivement les accidens à la poitrine, à l'estomac et aux bras. Il n'a fallu que trois minutes, après lesquelles la demoiselle *B*** a déclaré ne plus rien sentir et être absolument dans son état naturel.

Ces dernières expériences, ainsi que plusieurs de celles qui ont été faites chez M. *Jumelin*, ont le double avantage de démontrer à la fois, et la puissance de l'imagination, et la nullité du magnétisme dans les effets produits.

Si les effets sont encore plus marqués, si les crises semblent plus violentes au traitement public, c'est que plusieurs causes se joignent à l'imagination pour opérer avec elle, pour multiplier et pour agrandir ses effets. On commence par le regard à s'emparer des esprits; l'attouchement, l'application des mains suit bientôt; et il convient d'en développer ici les effets physiques.

Ces effets sont plus ou moins considérables:

les moindres sont des hoquets, des soulèvemens d'estomac, des purgations; les plus considérables sont les convulsions que l'on nomme *crises*. L'endroit où l'attouchement se porte est aux hypocondres, au creux de l'estomac, et quelquefois sur les ovaires, quand ce sont des femmes que l'on touche. Les mains, les doigts pressent, et compriment plus ou moins ces différentes régions.

Le colon, un de nos gros intestins, parcourt les deux régions des hypocondres et la région épigastrique qui les sépare. Il est placé immédiatement sous les tégumens. C'est donc sur cet intestin que l'attouchement se porte, sur cet intestin sensible et très-irritable. Le mouvement seul, le mouvement répété sans autre agent, excite l'action musculaire de l'intestin et procure quelquefois des évacuations. La nature semble indiquer comme par instinct cette manœuvre aux hypocondriaques. La pratique du magnétisme n'est que cette manœuvre même; et les purgations qu'elle peut produire sont encore facilitées dans le traitement magnétique, par l'usage fréquent et presque habituel d'un vrai purgatif, la crême de tartre en boisson.

Mais lorsque le mouvement excite principalement l'irritabilité du colon, cet intestin offre d'autres phénomènes. Il se gonfle plus ou moins, et prend quelquefois un volume considérable. Alors il communique au diaphragme une telle irritation, que cet organe entre plus ou moins en convulsion, et c'est ce qu'on appelle *crise* dans le traitement du magnétisme animal. Un des Commissaires a vu une femme sujette à une espèce de vomissement spasmodique, répété plusieurs fois par jour. Les efforts ne produisaient qu'une eau trouble et visqueuse, semblable à celle que jettent les malades en crise dans la pratique du magnétisme. La convulsion avait son siège dans le diaphragme ; et la région du colon était si sensible, que le plus léger attouchement sur cette partie, une forte commotion de l'air, la surprise causée par un bruit imprévu, suffisaient pour exciter la convulsion. Cette femme avait donc des crises sans magnétisme, par la seule irritabilité du colon et du diaphragme, et les femmes qui sont magnétisées ont leurs crises par la même cause et par cette irritabilité.

L'application des mains sur l'estomac a des effets physiques également remarquables. L'application se fait directement sur cet organe. On y opère tantôt une compression forte et continue, tantôt des compressions légères et réitérées, quelquefois un frémissement par un mouvement de rotation de la baguette de fer, appliquée sur cette partie; enfin en y passant successivement et rapidement les pouces l'un après l'autre. Ces manœuvres portent promptement à l'estomac un agacement plus ou moins fort et plus ou moins durable, selon que le sujet est plus ou moins sensible et irritable. On prépare, on dispose l'estomac à cet agacement en le comprimant préalablement. Cette compression le met dans le cas d'agir sur le diaphragme, et de lui communiquer les impressions qu'il reçoit. Il ne peut s'irriter que le diaphragme ne s'irrite, et de-là résultent, comme par l'action du colon, les accidens nerveux dont on vient de parler.

Chez les femmes sensibles, si l'on vient à comprimer simplement les deux hypocondres sans aucun autre mouvement, l'estomac se trouve serré, et ces femmes tombent en faiblesse. C'est ce qui est arrivé à la femme magnétisée par M. *Jumelin*, et ce qui arrive souvent sans autre cause lorsque les femmes sont trop serrées dans leurs vêtemens. Il n'y a point de crise alors, parce que l'estomac est comprimé sans être agacé, et que le diaphragme reste dans son état naturel. Ces mêmes manœuvres pratiquées chez les femmes sur les ovaires, outre les effets qui leur sont particuliers, produisent bien plus puissamment encore les mêmes accidens. On connaît l'influence et l'empire de l'utérus sur l'économie animale.

Le rapport intime de l'intestin colon, de l'estomac et de l'utérus avec le diaphragme est une des causes des effets attribués au magnétisme. Les régions du bas-ventre, soumises aux différens attouchemens, répondent à différens plexus qui y constituent un véritable centre nerveux, au moyen duquel, abstraction faite de tout système, il existe très-certainement une sympathie, une communication, une correspondance entre toutes les parties du corps, une action et une réaction telles que les sensations excitées dans ce centre, ébranlent les autres parties du corps; et que réciproquement une sensation éprouvée dans une partie ébranle et met en jeu le centre nerveux, qui souvent transmet cette impression à toutes les autres parties.

Ceci explique non-seulement les effets de l'attouchement magnétique, mais encore les effets physiques de l'imagination. On a toujours observé que les affections de l'ame portent leur première impression sur ce centre nerveux, ce qui fait dire communément qu'on a un poids sur l'estomac et qu'on se sent suffoqué. Le diaphragme entre en jeu, d'où les soupirs, les pleurs, les ris. On éprouve alors une réaction sur les viscères du bas-ventre; et c'est ainsi que l'on peut rendre raison des désordres physiques produits par l'imagination. Le saisissement occasionne la colique, la frayeur cause la diarrhée, le chagrin donne la jaunisse. L'histoire de la médecine renferme une infinité d'exemples du pouvoir de l'imagination et des affections de l'ame. La crainte du feu, un désir violent, une espérance ferme et soutenue, un accès de colère rendent l'usage des jambes à un goutteux perclus, à un paralytique; une joie vive et inopinée dissipe une fièvre quarte de deux mois; une forte attention arrête le hoquet; des muets par accident, recouvrent la parole à la suite d'une vive émotion de l'ame. L'histoire montre que cette émotion suffit pour faire recouvrer la parole, et les Commissaires ont vu que l'imagination frappée avait suffi pour en suspendre l'usage. L'action et la réaction du physique sur le moral, et du moral sur le physique, sont démontrées depuis que l'on observe en médecine, c'est-à-dire, depuis son origine.

Les pleurs, les ris, la toux, les hoquets, et en général tous les effets observés dans ce qu'on appelle les crises du traitement public, naissent donc, ou de ce que les fonctions du diaphragme sont troublées par un moyen physique, tel que l'attouchement et la pression, ou de la puissance dont l'imagination est douée pour agir sur cet organe et pour troubler ses fonctions.

Si l'on objectait que l'attouchement n'est pas toujours nécessaire à ces effets, on répondrait que l'imagination peut avoir assez de ressources pour produire tout par elle-même; sur-tout l'imagination agissant dans un traitement public, doublement excitée alors par son propre mouvement et par celui des imaginations qui l'environnent. On a vu ce qu'elle produit dans les expériences faites par les Commissaires sur des sujets isolés ; on peut juger de ses effets multipliés sur des malades réunis dans le traitement public. Ces malades y sont rassemblés dans un lieu serré, relativement à leur nombre: l'air y est chaud, quoiqu'on ait soin de le renouveler; et il est toujours plus ou moins chargé de gaz méphitique dont l'action se porte particulièrement à la tête et sur le genre nerveux. S'il y a de la musique, c'est un moyen de plus pour agir sur les nerfs et pour les émouvoir.

Plusieurs femmes sont magnétisées à la fois et n'éprouvent d'abord que des effets semblables à ceux que les Commissaires ont obtenus dans plusieurs de leurs expériences. Ils ont reconnu que même au traitement, ce n'est le plus souvent qu'au bout de deux heures que les crises commencent. Peu à peu les impressions se com-

muniquent et se renforcent, comme on le remarque aux représentations théâtrales, où les impressions sont plus grandes lorsqu'il y a beaucoup de spectateurs, et sur-tout dans les lieux où l'on a la liberté d'applaudir. Ce signe des émotions particulières établit une émotion générale, que chacun partage au degré dont il est susceptible. C'est ce qu'on observe encore dans les armées un jour de bataille, où l'enthousiasme du courage comme les terreurs paniques se propagent avec tant de rapidité. Le son du tambour et de la musique militaire, le bruit du canon, la mousqueterie, les cris, le désordre ébranlent les organes, donnent aux esprits le même mouvement, et montent les imaginations au même degré. Dans cette unité d'ivresse une impression manifestée, devient universelle; elle encourage à charger, ou elle détermine à fuir. La même cause fait naître les révoltes; l'imagination gouverne la multitude: les hommes réunis en nombre, sont plus soumis à leurs sens, la raison a moins d'empire sur eux; et lorsque le fanatisme préside à ces assemblées, il produit les trembleurs de Cévennes (1). C'est

(1) M. le maréchal *de Villars*, qui termina les troubles des Cévennes, dit : « J'ai vu, dans ce genre, des choses que je n'aurais » pas crues, si elles ne s'étaient point passées sous mes yeux; » une ville entière, dont toutes les femmes et les filles, sans

pour arrêter ce mouvement si facilement communiqué aux esprits que dans les villes sédi-

---

» exception, paraissaient possédées du diable. Elles tremblaient » et prophétisaient publiquement dans les rues.... Une eut la » hardiesse de trembler et de prophétiser pendant une heure » devant moi. Mais, de toutes ces folies, la plus surprenante fut » celle que me raconta M. l'évêque d'Alais, et que je mandai à » M. *de Chamillard*, en ces termes.

» Un M. *de Mandagors*, seigneur de la terre de ce nom, » maire d'Alais, possédant les premières charges dans la ville et » dans le comté, ayant d'ailleurs été quelque tems subdélégué » de M. *de Bâville*, vient de faire une chose extraordinaire C'est » un homme de soixante ans, sage par ses mœurs, de beaucoup » d'esprit, ayant composé et fait imprimer plusieurs ouvrages. » J'en ai lu quelques-uns, mais dans lesquels, avant que de » savoir ce que je viens d'apprendre de lui, j'ai trouvé une » imagination bien vive.

» Une prophétesse, âgée de 27 à 28 ans, fut arrêtée, il y a » environ dix-huit mois, et menée devant M. *d'Alais*. Il l'interrogea en présence de plusieurs ecclésiastiques. Cette créa» ture, après l'avoir écouté, lui répond d'un air modeste, et » l'exhorte à ne plus tourmenter les vrais enfans de Dieu, et » puis lui parle pendant une heure de suite une langue étran» gère à laquelle il ne comprit pas un mot; comme nous avons » vu le duc *de la Ferté* autrefois, quand il avait un peu bu, » parler anglais devant des Anglais. J'en ai vu dire: J'entends » bien qu'il parle anglais, mais je ne comprends pas un mot de » ce qu'il dit. Cela eût été difficile aussi à comprendre, car » jamais il n'avait su un mot d'anglais. Cette fille parlait grec, » hébreu de même.

» Vous croyez bien que M. *d'Alais* fit enfermer la prophé» tesse. Après plusieurs mois, cette fille paraissant revenue de » ses égaremens par les soins et avis du sieur *de Mandagors*, » qui la fréquentait, on la laissa en liberté; et de cette liberté, » et de celle que le sieur *de Mandagors* prenait avec elle, il en » est arrivé que cette prophétesse est grosse.

tieuses on défend les attroupemens. Par-tout l'exemple agit sur le moral, l'imitation machinale met en jeu le physique : en isolant les individus, on calme les esprits ; en les séparant, on fait cesser également les convulsions, toujours contagieuses de leurs nature : on en a un exemple récent dans les jeunes filles de Saint-Roch, qui

---

» Mais le fait présent est que le sieur *de Mandagors* s'est défait » de toutes ses charges, les a remises à son fils, et a dit à quel- » ques particuliers et à M. l'évêque lui-même, que c'était par le » commandement de Dieu qu'il avait connu cette prophétesse, » et que l'enfant qui en naîtra sera le vrai Sauveur du Monde. » De tout cela et en un autre pays que celui-ci, l'on ne ferait » autre chose que d'envoyer M. le maire et la prophétesse aux » Petites-Maisons. M. l'évêque m'a proposé de le faire arrêter. » J'ai voulu auparavant en conférer avec M. *de Bâville ;* ordon- » nant cependant de l'observer et la prophétesse aussi, de ma- » nière qu'ils ne pussent s'échapper : ma pensée étant qu'au milieu » des fous, ce qui regarde un fou de cette importance, doit » faire le moins de bruit qu'il est possible ; qu'il fallait par con- » séquent tâcher de le dépayser tout doucement, et s'en assurer » ensuite. Car vous jugez bien que de déclarer publiquement » pour prophête un maire d'Alais, un seigneur de terres assez » considérables, ancien subdélégué de l'intendant, auteur et » jusqu'alors réputé sage, au milieu de gens qui sont accoutu- » més à l'estimer et à le respecter, tout cela pourrait en pervertir » plus qu'en corriger. D'autant plus que hors la folie de croire » que Dieu lui a ordonné de connaître cette fille, il est très- » sage dans ses discours, comme était *Don Quichotte* très-sage, » hors quand il était question de chevalerie. L'avis de M. *de* » *Bâville* fut, comme le mien, de ne pas brusquer. Ses enfans » le menèrent sans éclat dans un de ses châteaux, où on le retint, » et la prophétesse fut renfermée. » (*Vie du maréchal duc de Villars*, pages 325 et suivantes.)

séparées ont été guéries des convulsions qu'elles avaient étant réunies (1).

On retrouve donc le magnétisme, ou plutôt l'imagination agissant au spectacle, à l'armée, dans les assembles nombreuses comme au baquet, agissant par des moyens différens, mais produisant des effets semblables. Le baquet est entouré d'une foule de malades; les sensations sont continuellement communiquées et rendues; les nerfs à la longue doivent se fatiguer de cet exercice, ils s'irritent et la femme la plus sensible

(1) Le jour de la cérémonie de la première communion, faite en la paroisse Saint-Roch, il y a quelques années (1780) après l'office du soir, on fit, ainsi qu'il est d'usage, la procession en dehors. A peine les enfans furent-ils rentrés à l'église, et rendus à leurs places, qu'une jeune fille se trouva mal, et eut des convulsions. Cette affection se propagea avec une telle rapidité, que dans l'espace d'une demi-heure, 50 ou 60 jeunes filles, de 12 à 19 ans, tombèrent dans les mêmes convulsions; c'est-à-dire, serrement à la gorge, gonflement à l'estomac, l'étouffement, le hoquet et les convulsions plus ou moins fortes. Ces accidens reparurent à quelques-unes dans le courant de la semaine; mais le dimanche suivant, étant assemblées chez les Dames de Sainte-Anne, dont l'institution est d'enseigner les jeunes filles, douze retombèrent dans les mêmes convulsions, et il en serait tombé davantage, si on n'eût eu la précaution de renvoyer sur-le-champ chaque enfant chez ses parens. On fut obligé de multiplier les écoles. En séparant ainsi les enfans, et ne les tenant assemblés qu'en petit nombre, trois semaines suffirent pour dissiper entièrement cette affection convulsive épidémique. (Voyez, pour des exemples semblables, le *Naturalisme des convulsions*, par M. *Hecquet*.)

donne le signal. Alors les cordes par-tout tendues au même degré et à l'unisson, se répondent, et les crises se multiplient ; elles se renforcent mutuellement, elles deviennent violentes. En même tems les hommes témoins de ces émotions, les partagent, à proportion de leur sensibilité nerveuse ; et ceux chez qui cette sensibilité est plus grande et plus mobile, tombent eux-mêmes en crise.

Cette grande mobilité en partie naturelle et en partie acquise, tant chez les hommes que chez les femmes, devient habitude. Ces sensations une ou plusieurs fois éprouvées, il ne s'agit plus que d'en rappeler le souvenir, de monter l'imagination au même degré pour opérer les mêmes effets. C'est ce qu'il est toujours facile de faire en plaçant le sujet dans les mêmes circonstances. Alors il n'est plus besoin du traitement public, on n'a qu'à toucher les hypocondres, promener le doigt et la baguette de fer devant le visage ; ces signes sont connus. Il n'est pas même nécessaire qu'ils soient employés, il suffit que les malades, les yeux bandés, croyent que ces signes sont répétés sur eux, se persuadent qu'on les magnétise ; les idées se réveillent, les sensations se reproduisent ; l'imagination employant ses moyens accoutumés, et reprenant les mêmes voies, fait reparaître les mêmes phénomènes. C'est ce qui arrive à des malades de M. *Deslon*, qui tombent en crise sans baquet, et sans être excités par le spectacle du traitement public.

Attouchement, imagination, imitation, telles sont donc les vraies causes des effets attribués à cet agent nouveau, connu sous le nom de *Magnétisme animal,* à ce fluide que l'on dit circuler dans le corps et se communiquer d'individu à individu; tel est le résultat des expériences des Commissaires, et des observations qu'ils ont faites sur les moyens employés et sur les effets produits. Cet agent, ce fluide n'existe pas; mais, tout chimérique qu'il est, l'idée n'en est pas nouvelle. Quelques auteurs, quelques médecins du siècle dernier en ont expressément traité dans plusieurs ouvrages. Les recherches curieuses et intéressantes de M. *Thouret* prouvent au public que la théorie, les procédés, les effets du magnétisme animal, proposés dans le siècle dernier, étaient à-peu-près semblables à ceux qu'on renouvelle dans celui-ci. Le magnétisme n'est donc qu'une vieille erreur. Cette théorie est présentée aujourd'hui avec un appareil plus imposant, nécessaire dans un siècle plus éclairé; mais elle n'en est pas moins fausse. L'homme saisit, quitte, reprend l'erreur qui le flatte. Il est des erreurs qui seront éternellement chères à l'humanité. Combien l'astrologie n'a-t-elle pas reparu de fois sur la terre! Le magnétisme tendrait à nous y ramener. On a voulu le lier aux influences célestes, pour qu'il séduisît davantage et qu'il attirât les hommes par les deux espérances qui les touchent le plus, celle de savoir leur avenir, et celle de prolonger leurs jours.

Il y a lieu de croire que l'imagination est la principale des trois causes que l'on vient d'assigner au magnétisme. On a vu par les expériences citées qu'elle suffit seule pour produire des crises. La pression, l'attouchement semblent donc lui servir de préparations; c'est par l'attouchement que les nerfs commencent à s'ébranler, l'imitation communique et répand les impressions. Mais l'imagination est cette puissance active et terrible qui opère les grands effets que l'on observe avec étonnement dans le traitement public. Ces effets frappent les yeux de tout le monde, tandis que la cause est obscure et cachée. Quand on considère que ces effets ont séduit dans les siècles derniers des hommes estimables par leur mérite, par leurs connaissances, et même par leur génie, tels que *Paracelse*, *Vanhelmont*, *Kirker*, etc. on ne doit pas s'étonner si aujourd'hui des personnes instruites, éclairées, si même un grand nombre de médecins y ont été trompés. Les Commissaires admis seulement au traitement public, où l'on n'a ni le tems ni la facilité de faire des expériences décisives, auraient pu eux-mêmes être induits en erreur. Il faut avoir eu la liberté d'isoler les effets pour en distinguer les causes; il faut avoir vu comme eux l'imagination agir, en quelque sorte, partiellement, produire ses effets séparés et en détail, pour concevoir l'accumulation de ces effets, pour savoir se faire une idée de sa puissance entière et se rendre compte de ses prodiges. Mais cet examen demande un sacrifice de tems, et un nombre de recherches suivies qu'on n'a pas toujours le loisir d'entreprendre pour son instruction ou sa curiosité particulière, qu'on n'a pas même le droit de suivre, à moins d'être, comme les Commissaires, chargé des ordres du Roi, et honoré de la confiance publique.

M. *Deslon* ne s'éloigne pas de ces principes. Il a déclaré dans le comité tenu chez M. *Franklin* le 19 juin, qu'il croyait pouvoir poser en fait que l'imagination avait la plus grande part dans les effets du magnétisme animal; il a dit que cet agent nouveau n'était peut-être que l'imagination elle-même, dont le pouvoir est aussi puissant qu'il est peu connu : il assure avoir constamment reconnu ce pouvoir dans le traitement de ses malades, et il assure également que plusieurs ont été ou guéris ou infiniment soulagés. Il a observé aux Commissaires que l'imagination, ainsi dirigée au soulagement de l'humanité souffrante, serait un grand bien dans la pratique de la médecine (1); et persuadé de cette vérité du pouvoir de l'imagination, il les a invités à en étudier chez lui la marche et les effets. Si M. *Deslon* est encore attaché à la première idée que ces effets sont dûs à l'action d'un fluide, qui se communique d'individu à individu par l'attouchement ou par la direction d'un conducteur, il ne tardera pas à reconnaître avec les Commissaires qu'il ne faut qu'une cause pour un effet, et que, puisque l'imagination suffit, le fluide est inutile. Sans doute nous sommes entourés d'un fluide qui nous appartient, la transpiration insensible forme autour de nous une atmosphère de vapeurs également insensibles; mais ce fluide n'agit que comme les atmosphères, ne peut se communiquer qu'infiniment peu par l'attouchement, ne se dirige

(1) M. *Deslon* avait déjà dit en 1780 : « Si M. *Mesmer* n'avait » d'autre secret que celui de faire agir l'imagination efficacement » pour la santé, n'en aurait-il pas toujours un bien merveil- » leux ! Car, si la médecine d'imagination était la meilleure, » pourquoi ne ferions-nous pas la médecine d'imagination ? » (*Observations sur le Magnétisme animal*, pages 46 et 47.)

ni par des conducteurs, ni par le regard, ni par l'intention, n'est point propagé par le son, ni réfléchi par les glaces, et n'est susceptible dans aucun cas des effets qu'on lui attribue.

Il reste à examiner si les crises ou les convulsions produites par les procédés de ce prétendu magnétisme, dans les assemblées autour du baquet, peuvent être utiles, et guérir ou soulager les malades. Sans doute l'imagination des malades influe souvent beaucoup dans la cure de leurs maladies. L'effet n'en est connu que par une expérience générale et n'a point été déterminé par des expériences positives; mais il ne semble pas qu'on en puisse douter. C'est un adage connu que la foi sauve en médecine; cette foi est le produit de l'imagination : alors l'imagination n'agit que par des moyens doux; c'est en répandant le calme dans tous les sens, en rétablissant l'ordre dans les fonctions, en ranimant tout par l'espérance. L'espérance est la vie de l'homme; qui peut lui rendre l'une, contribue à lui rendre l'autre. Mais, lorsque l'imagination produit des convulsions, elle agit par des moyens violens; ces moyens sont presque toujours destructeurs. Il est des cas très-rares où ils peuvent être utiles; il est des cas désespérés où il faut tout troubler pour ordonner tout de nouveau. Ces secousses dangereuses ne peuvent être d'usage en médecine que comme les poisons. Il faut que la nécessité les commande et que l'économie les emploie. Ce besoin est momentané, la secousse doit être unique. Loin de la répéter, le médecin sage s'occupe des moyens de réparer le mal nécessaire qu'elle a produit; mais au traitement public du magnétisme, les crises se répètent tous les jours, elles sont longues, violentes; l'état de ces crises étant nuisible, l'habitude n'en peut être que funeste. Comment concevoir qu'une femme dont la poitrine est attaquée puisse sans danger avoir des crises d'une toux convulsive, des expectorations forcées; et par des efforts violens et répétés fatiguer, peut-être déchirer le poumon, où l'on a tant de peine à porter le baume et les adoucissemens? Comment imaginer qu'un homme, quelle que soit sa maladie, ait besoin pour la guérir de tomber dans des crises où la vue semble se perdre, où les membres se roidissent, où dans des mouvemens précipités et involontaire, il se frappe rudement la poitrine; crises qui finissent par un crachement abondant de glaires et de sang? Ce sang n'est ni vicié ni corrompu; ce sang sort des vaisseaux d'où il est arraché par les efforts, et d'où il sort contre le vœu de la nature. Ces effets sont donc un mal réel et non un mal curatif; c'est un mal ajouté à la maladie quelle qu'elle soit.

Ces crises ont encore un autre danger. L'homme est sans cesse maîtrisé par la coutume; l'habitude modifie la nature par degrés successifs, mais elle en dispose si puissamment que souvent elle la change presque entièrement et la rend méconnaissable. Qui nous assure que cet état de crises, d'abord imprimé à volonté, ne deviendra pas habituel? Et si cette habitude, ainsi contractée, reproduisait souvent les mêmes accidens malgré la volonté, et presque sans le secours de l'imagination, quel serait le sort d'un individu assujetti à ces crises violentes, tourmenté physiquement et moralement de leur impression malheureuse, dont les jours seraient partagés entre l'appréhension et la douleur, et dont la vie ne serait qu'un supplice durable? Ces maladies de nerfs, lorsqu'elles sont naturelles, font le désespoir des médecins; ce n'est pas à l'art à les produire. Cet art est funeste, qui trouble les fonctions de l'économie animale, pousse la nature à des écarts, et multiplie les victimes de ses déréglemens. Cet art est d'autant plus dangereux, que non-seulement il aggrave les maux de nerfs en en rappelant les accidens, en les faisant dégénérer en habitude : mais si ce mal est contagieux, comme on peut le soupçonner, l'usage de provoquer des convulsions nerveuses, et de les exciter en public dans les traitemens, est un moyen de les répandre dans les grandes villes, et même d'en affliger les générations à venir, puisque les maux et les habitudes des parens se transmettent à leur postérité.

Les Commissaires ayant reconnu que ce fluide magnétique animal ne peut être aperçu par aucun de nos sens, qu'il n'a eu aucune action, ni sur eux-mêmes, ni sur les malades qu'ils lui ont soumis; s'étant assurés que les pressions et les attouchemens occasionnent des changemens rarement favorables dans l'économie animale, et des ébranlemens toujours fâcheux dans l'imagination; ayant enfin démontré par des expériences décisives que l'imagination sans magnétisme produit des convulsions, et que le magnétisme sans l'imagination ne produit rien; ils ont conclu d'une voix unanime, sur la question de l'existence et de l'utilité du magnétisme, que rien ne prouve l'existence du fluide magnétique animal; que ce fluide sans existence est par conséquent sans utilité; que les violens effets que l'on observe au traitement public, appartiennent à l'attouchement, à l'imagination mise en action, et à cette imitation machinale qui nous porte malgré nous à répéter ce qui frappe nos sens. Et en même tems ils se croient obligés d'ajouter, comme une observation importante, que les attouchemens, l'action répétée de l'imagination pour produire des crises, peuvent être nuisibles; que le spectacle de ces crises est également dangereux à cause de cette imitation dont la nature semble nous avoir fait une loi; et que par conséquent tout traitement public où les moyens du magnétisme seront employés, ne peut avoir à la longue que des effets funestes (1).

A Paris, ce 11 août 1784.

Signés, B. FRANKLIN, MAJAULT, LE ROY, SALLIN, BAILLY, D'ARCET, DE BORY, GUILLOTIN, LAVOISIER.

---

(1) Si l'on objectait aux Commissaires que cette conclusion porte sur le magnétisme en général, au lieu de porter seulement sur le magnétisme pratiqué par M. *Deslon*, les Commissaires répondraient que l'intention du Roi a été d'avoir leur avis sur le magnétisme animal; ils n'ont point par conséquent excédé les bornes de leur commission. Ils répondraient encore que M. *Deslon* leur a paru instruit de ce qu'on appelle les principes du magnétisme, et qu'il possède certainement les moyens de produire des effets et d'exciter des crises.

Ces principes de M. *Deslon* sont les mêmes que ceux qui sont renfermés dans les vingt-sept propositions que M. *Mesmer* a rendues publiques, par la voie de l'impression, en 1779. Si M. *Mesmer* annonce aujourd'hui une théorie plus vaste, les Commissaires n'ont point eu besoin de connaître cette théorie, pour décider de l'existence et de l'utilité du magnétisme; ils n'ont dû considérer que les effets. C'est par les effets que l'existence d'une cause se manifeste; c'est par les mêmes effets que son utilité peut être démontrée. Les phénomènes sont connus par observation, longtems avant qu'on puisse parvenir à la théorie qui les enchaîne et qui les explique. La théorie de l'aimant n'existe pas encore, et ses phénomènes sont constatés par l'expérience de plusieurs siècles. La théorie de M. *Mesmer* est ici indifférente et superflue ; les pratiques, les effets, voilà ce qu'il s'agissait d'examiner. Or il est aisé de prouver que les pratiques essentielles du magnétisme sont connues de M. *Deslon*.

M. *Deslon* a été pendant plusieurs années disciple de M. *Mesmer*. Il a vu constamment, pendant ce tems, employer les pratiques du magnétisme animal, et les moyens de l'exciter et de le diriger. M. *Deslon* a lui-même traité des malades devant M. *Mesmer*; éloigné, il a opéré les mêmes effets que chez M. *Mesmer*. Ensuite rapprochés, l'un et l'autre ont réuni leurs malades, l'un et l'autre ont traité indistinctement ces malades, et par conséquent en suivant les mêmes procédés. La méthode que suit aujourd'hui M. *Deslon* ne peut donc être que celle de M. *Mesmer*.

Les effets se correspondent également. Il y a des crises aussi violentes, aussi multipliées, et annoncées par des symptômes semblables chez M. *Deslon* et chez M. *Mesmer*; ces effets n'appartiennent donc point à une pratique particulière, mais à la pratique du magnétisme en général. Les expériences des Commissaires démontrent que les effets obtenus par M. *Deslon* sont dus à l'attouchement, à l'imagination, à l'imitation. Ces causes sont donc celles du magnétisme en général. Les observations des Commissaires les ont convaincus que ces crises convulsives et les moyens violens, ne peuvent être utiles en médecine que comme les poisons; et ils ont jugé, indépendamment de toute théorie, que par-tout où l'on cherchera à exciter des convulsions, elles pourront devenir habituelles et nuisibles; elles pourront se répandre en épidémie, et peut-être s'étendre aux générations futures.

Les Commissaires ont dû conclure en conséquence que non-seulement les procédés d'une pratique particulière, mais les procédés du magnétisme en général, pouvaient, à la longue, devenir funestes.

RAPPORT SECRET

Sur le Mesmérisme, ou Magnétisme animal, rédigé par Bailly.

Les Commissaires chargés par le Roi de l'examen du magnétisme animal, en rédigeant le rapport qui doit être présenté à sa Majesté et qui doit peut-être devenir public, ont cru qu'il était de leur prudence de supprimer une observation qui ne doit pas être divulguée; mais ils n'ont pas dû la dissimuler au ministre de sa Majesté : ce ministre les a chargés d'en rédiger une note destinée à être mise sous les yeux du Roi et réservée à sa Majesté seule.

Cette observation importante concerne les mœurs. Les Commissaires ont reconnu que les principales causes des effets attribués au magnétisme animal sont l'attouchement, l'imagination, l'imitation; et ils ont observé qu'il y avait toujours beaucoup plus de femmes que d'hommes en crise. Cette différence a pour première cause la différente organisation des deux sexes. Les femmes ont en général les nerfs plus mobiles, leur imagination est plus vive, plus exaltée. Il est facile de la frapper, de la mettre en mouvement. Cette grande mobilité des nerfs, en leur donnant des sens plus délicats et plus exquis, les rend plus susceptibles des impressions de l'attouchement. En les touchant dans une partie quelconque, on pourrait dire qu'on les touche à la fois partout. Cette grande mobilité des nerfs fait qu'elles sont plus disposées à l'imitation. Les femmes, comme on l'a déjà fait remarquer, sont semblables à des cordes sonores parfaitement tendues et à l'unisson. Il suffit d'en mettre une en mouvement, toutes les autres à l'instant le partagent. C'est ce que les Commissaires ont observé plusieurs fois; dès qu'une femme tombe en crise, les autres ne tardent pas d'y tomber.

Cette organisation fait comprendre pourquoi les femmes ont des crises plus fréquentes, plus longues, plus violentes que les hommes, et c'est à leur sensibilité de nerfs qu'est dû le plus grand nombre de leurs crises; il en est quelques-unes qui appartiennent à une cause cachée, mais naturelle, à une cause certaine des émotions dont toutes les femmes sont plus ou moins susceptibles, et qui par une influence éloignée, en accumulant ces émotions, en les portant au plus haut degré, peut contribuer à produire un état convulsif qu'on confond avec les autres crises. Cette cause est l'empire que la nature a donné à un sexe sur l'autre pour l'attacher et l'émouvoir. Ce sont toujours des hommes qui magnétisent les femmes; les relations alors établies ne sont sans doute que celles d'une malade à l'égard de son médecin, mais ce médecin est un homme; quel que soit l'etat de maladie, il ne nous dépouille point de notre sexe, il ne nous dérobe pas entièrement au pouvoir de l'autre; la maladie en peut affaiblir les impressions, sans jamais les anéantir. D'ailleurs la plupart des femmes qui vont au magnétisme ne sont pas réellement malades; beaucoup y viennent par oisiveté et par amusement; d'autres, qui ont quelques incommodités, n'en conservent pas moins leur fraîcheur et leur force : leurs sens sont tous entiers; leur jeunesse a toute sa sensibilité. Elles ont assez de charmes pour agir sur le médecin; elles ont assez de santé pour que le médecin agisse sur elles : alors le danger est réciproque. La proximité long-tems continuée, l'attouchement indispensable, la chaleur individuelle communiquée, les regards confondus, sont les voies connues de la nature et les moyens qu'elles a préparés de tout tems pour opérer immanquablement la communication des sensations et des affections.

L'homme qui magnétise a ordinairement les genoux de la femme renfermés dans les siens ; les genoux et toutes les parties inférieures du corps, sont par conséquent en contact. La main est appliquée sur les hypocondres et quelquefois plus bas sur les ovaires. Le tact est donc exercé à la fois sur une infinité de parties, et dans le voisinage des parties les plus sensibles du corps. Souvent l'homme ayant sa main gauche ainsi appliquée, passe la droite derrière le corps de la femme ; le mouvement de l'un et de l'autre est de se pencher mutuellement pour favoriser ce double attouchement ; la proximité devient la plus grande possible, le visage touche presque le visage, les haleines se respirent, toutes les impressions physiques se partagent instantanément, et l'attraction réciproque des sexes doit agir dans toute sa force ; il n'est pas extraordinaire que les sens s'allument. L'imagination, qui agit en même tems, répand un certain désordre dans toute la machine ; elle suspend le jugement, elle écarte l'attention ; les femmes ne peuvent se rendre compte de ce qu'elles éprouvent, elles ignorent l'état où elles sont.

Les médecins Commissaires, présens et attentifs au traitement, ont observé avec soin ce qui s'y passe. Quand cette espèce de crise se prépare, le visage s'enflamme par degrés, l'œil devient ardent, et c'est le signe par lequel la nature annonce le désir. On voit la femme baisser la tête, porter la main au front et aux yeux pour les couvrir; la pudeur habituelle veille à son insu et lui inspire le soin de se cacher. Cependant la crise continue et l'œil se trouble : c'est un signe non équivoque du désordre total des sens. Ce désordre peut n'être point aperçu par celle qui l'éprouve, mais il n'a point échappé au regard observateur des médecins. Dès que ce signe a été manifesté, les paupières deviennent humides, la respiration est courte, entrecoupée, la poitrine s'élève et s'abaisse rapidement; les convulsions s'établissent, ainsi que les mouvemens précipités et brusques ou des membres ou du corps entier. Chez les femmes vives et sensibles, le dernier degré, le terme de la plus douce des émotions, est souvent une convulsion. A cet état succèdent la langueur, l'abattement, une sorte de sommeil des sens, qui est un repos nécessaire après une forte agitation.

La preuve que cet état de convulsion, quelqu'extraordinaire qu'il paraisse à ceux qui l'observent, n'a rien de pénible, n'a rien que de naturel pour celles qui l'éprouvent, c'est que, dès qu'il est cessé, il n'en reste aucune trace fâcheuse. Le souvenir n'en est pas désagréable, les femmes s'en trouvent mieux et n'ont point de répugnance à le sentir de nouveau. Comme les émotions éprouvées sont les germes des affections et des penchans, on sent pourquoi celui qui magnétise inspire tant d'attachement; attachement qui doit être plus marqué et plus vif chez les femmes que chez les hommes, tant que l'exercice du magnétisme n'est confié qu'à des hommes. Beaucoup de femmes n'ont point sans doute éprouvé ces effets, d'autres ont ignoré cette cause des effets qu'elles ont éprouvés; plus elles sont honnêtes, moins elles ont dû la soupçonner. On assure que plusieurs s'en sont aperçues et se sont retirées du traitement magnétique; mais celles qui l'ignorent ont besoin d'être préservées.

Le traitement magnétique ne peut être que dangereux pour les mœurs. En se proposant de guérir des maladies qui demandent un long traitement, on exciste des émotions agréables et chères, des émotions que l'on regrette, que l'on cherche à retrouver parce qu'elles ont un charme naturel pour nous, et que physiquement elles contribuent à notre bonheur; mais moralement elles n'en sont pas moins condamnables, et elles sont d'autant plus dangereuses, qu'il est plus facile d'en prendre la douce habitude. Un état éprouvé presqu'en public au milieu d'autres femmes qui semblent l'éprouver également, n'offre rien d'alarmant; on y reste, on y revient, et l'on ne s'aperçoit du danger que lorsqu'il n'est plus tems. Exposées à ce danger, les femmes fortes s'en éloignent, les faibles peuvent y perdre leurs mœurs et leur santé.

M. *Deslon* ne l'ignore pas; M. le Lieutenant-général de police lui a fait quelques questions à cet égard, en présence des commissaires, dans une assemblée tenue chez M. *Deslon* même, le 9 mai dernier. M. *Lenoir* lui dit : « je vous de- » mande en qualité de lieutenant-général de » police, si lorsqu'une femme est magnétisée et » en crise, il ne serait pas facile d'en abuser ? » M. *Deslon* a répondu affirmativement, et il faut rendre justice à ce médecin, qu'il a toujours insisté pour que ses confrères, voués à l'honnêteté par leur état, eussent seuls le droit et le privilège d'exercer le magnétisme. On doit dire encore que, quoi qu'il ait chez lui une chambre destinée primitivement aux crises, il ne se permet pas d'en faire usage. Toutes les crises se passent sous les yeux du public. Mais malgré cette décence observée, le danger n'en subsiste pas moins, dès que le médecin peut, s'il le veut, abuser de sa malade. Les occasions renaissent tous les jours, à tous momens : il y est exposé quelquefois pendant deux ou trois heures. Qui peut répondre qu'il sera toujours le maître de ne pas vouloir ? et même en lui supposant une vertu plus qu'humaine, lorsqu'il a excité des émotions qui établissent des besoins, la loi impérieuse de la nature appellera quelqu'un à son refus; et il répond du mal qu'il n'aura pas commis, mais qu'il aura fait commettre.

Il y a encore un moyen d'exciter des convulsions, moyen dont les commissaires n'ont point eu de preuves directes et positives, mais qu'ils n'ont pu s'empêcher de soupçonner; c'est une crise simulée qui donne le signal et qui en détermine un grand nombre d'autres par l'imitation. Ce moyen est au moins nécessaire pour hâter, pour entretenir les crises; crises d'autant plus utiles au magnétisme, que sans elles il ne se soutiendrait pas.

Il n'y a point de guérisons réelles, les traitemens sont fort longs et infructueux. Il y a tel malade qui va au traitement depuis dix-huit mois ou deux ans, sans aucun soulagement; à la longue on s'ennuyerait d'y être, on se lasserait d'y venir. Les crises font spectacle; elles occupent, elles intéressent : d'ailleurs, pour des yeux peu attentifs, elles sont des effets du magnétisme et des preuves de l'existence de cet agent, qui n'est réellement que le pouvoir de l'imagination.

Les Commissaires, en commençant leur rapport, n'ont annoncé que l'examen du magnétisme pratiqué par M. *Deslon*, parce que l'ordre du Roi, l'objet de leur commission, ne les conduisait que chez M. *Deslon* : mais il est évident que leurs observations, leurs expériences, et leurs avis, portent sur le magnétisme en général. M. *Mesmer* ne manquera pas de dire que les Commissaires n'ont examiné ni sa méthode, ni ses procédés, ni les effets qu'elle produit. Les Commissaires, sans doute, sont trop prudens pour prononcer sur ce qu'ils n'ont pas examiné, sur ce qu'ils ne connaîtraient pas; mais cependant ils doivent faire observer que les principes de M. *Deslon* sont les mêmes que ceux des vingt-sept propositions que M. *Mesmer* a fait imprimer en 1779.

Si M. *Mesmer* annonce une théorie plus vaste, elle n'en sera que plus absurde; les influences célestes sont une vieille chimère dont on a reconnu il y a long-tems la fausseté. Toute cette théorie peut être jugée d'avance, par cela seul qu'elle a nécessairement pour base le magnétisme, et elle ne peut avoir aucune réalité puisque le fluide animal n'existe pas. Cette théorie brillante n'existe comme le magnétisme que dans l'imagination. La méthode de magnétiser de M. *Deslon* est la même que celle de M. *Mesmer*. M. *Deslon* a été disciple de M. *Mesmer* ; ensuite, lorsqu'ils se sont rapprochés, l'un et l'autre ont réuni leurs malades, l'un et l'autre ont traité indistinctement ces malades, et par conséquent en suivant les mêmes procédés. La méthode que M. *Deslon* suit aujourd'hui ne peut donc être que celle de M. *Mesmer*.

Les effets se correspondent également. Il y a des crises aussi violentes, aussi multipliées et annoncées par des symptômes semblables, chez M. *Deslon* et chez M. *Mesmer*. Que peut prétendre M. *Mesmer* en alléguant une différence inconnue et inappréciable, lorsque les principes, les pratiques et les effets sont les mêmes? d'ailleurs, quand cette différence serait réelle, qu'en peut-on inférer pour l'utilité du traitement contre les dangers détaillés dans le rapport et dans cette note mise sous les yeux de sa Majesté.

La voix publique annonce qu'il n'y a pas plus de guérison chez M. *Mesmer* que chez M. *Deslon*. Rien n'empêche que chez lui comme chez M. *Deslon*, les convulsions ne deviennent habituelles, et qu'elles ne se répandent en épidémies dans les grandes villes; qu'elles ne s'étendent aux générations futures. Ces pratiques et ces assemblées ont également les plus graves inconvéniens pour les mœurs. Les expériences des Commissaires, qui montrent que tous les effets appartiennent aux attouchemens, à l'imagination, à l'imitation, en expliquant les effets obtenus par M. *Deslon*, expliquent également les effets produits par M. *Mesmer*. On peut donc raisonnablement conclure que, quelque soit le mystère du magnétisme de M. *Mesmer*, ce magnétisme ne doit pas être plus réel que celui de M. *Deslon*, et que les procédés de l'un ne sont ni plus utiles ni moins dangereux que ceux de l'autre.

Fait à Paris, le 11 *août* 1784.

Signés, FRANKLIN, BORY, LAVOISIER, BAILLY, MAJAULT, SALLIN, D'ARCET, GUILLOTIN, LEROY.

LETTRE

Ecrite à un Administrateur, sur les pratiques des enthousiastes de Mesmer, *en même tems que le Rapport des Commissaires nommés par le Roi, sous ce titre :* Lettre à l'Intendant de Soissons, sur les opérations mesmériennes de M. *de Puységur*, à Buzanci (1).

MONSIEUR, j'ai été à Buzanci. Je suis sincèrement affligé de voir un homme de condition exercer publiquement le charlatanisme le plus grossier et le plus inutile. Le peuple est assez malheureux, sans ajouter encore à toutes ses misères l'erreur et la superstition. Si je ne croyais pas devoir justifier à vos yeux un jugement aussi prononcé, je me contenterais de vous dire que M. *de P**** ressemble à un jeune franc-maçon bien zélé pour la lithurgie maçonique, et voulant faire croire à la multitude qu'il possède un

(1) Cette pièce, ainsi que la précédente, a été imprimée dans le premier volume du Recueil publié par M. le Comte Sénateur *François de Neufchâteau*, sous le nom de *Conservateur*.

rare secret; mais ayant l'honneur de vous être particulièrement attaché, et voulant remplir la commission dont vous m'avez chargé, je crois devoir vous présenter quelques détails sur la scène indécente qui se joue dans votre généralité, et qui intéresse le peuple que vous devez chérir : j'abrégerai le plus qu'il me sera possible.

J'avais pris, pour bien observer, quelques précautions nécessaires dont il est bon de vous rendre compte. M. *Quinquet*, homme intelligent et bon chimiste, est celui dont j'avais fait choix pour être mon compagnon de voyage. Nous sommes arrivés à Buzanci le dimanche 13, à huit heures du matin, et à pied, pour ne pas avoir l'air de gens à prétention. J'étais prévenu qu'on y regardait. Nous étions convenus, avant le départ, que chacun observerait de son côté, qu'on ne se parlerait pas, qu'on éviterait absolument toute espèce de liaison avec les curieux de la ville, qui étaient en grand nombre, que quand l'un de nous serait à droite, l'autre irait à gauche. Dans le cas où nous aurions eu besoin de nous communiquer quelque chose, nous avions pris un jeune écolier, qui devait faire ce qu'on lui commanderait, sans questionner.

Nous avons trouvé, en arrivant sur la place de Buzanci, un grand orme, des branches duquel pendaient une infinité de cordes, dont les malades environnaient la partie souffrante. Nous nous sommes bien assurés, par le moyen d'aiguilles, que ni l'arbre ni les cordes n'étaient imprégnés d'aucun fluide magnétique. Nous avons observé que les malades, au nombre de plus de cent cinquante, étaient composés au moins de deux tiers de femmes et d'enfans. Les maladies les plus communes nous ont paru être du genre des fièvres intermittentes, des ophthalmies et des rhumatismes. Je n'ai aperçu, parmi les hommes, qu'un maître d'école et un postillon qui ne fussent pas de la lie du peuple. Le premier était tourmenté de maux de tête; le second était attaqué d'une fièvre opiniâtre. Le postillon, dont je vous parlerai plus bas, s'est trouvé mal sur les dix heures; il était environné de la corde depuis huit heures du matin. J'ai observé qu'il avait bu, pendant ce tems, trois bouteilles d'une eau très-froide qu'on puise dans une fontaine qui se trouve au pied de l'arbre.

Il n'y avait de jeunes femmes, et qui fussent assez bien de figure, que la fille d'un vinaigrier de Soissons, qui a la vue perdue par une suite d'affections vaporeuses : une paysanne de dix-huit à vingt ans, aveugle depuis douze ans, à la suite d'un saignement de nez : une fille de seize à dix-sept ans, chlorotique : une fille d'environ quatorze ans, dont je n'ai pu deviner la maladie : une autre paysanne, nommée *Catherine*, vaporeuse décidée, demeurant au château, dormeuse, faisant le rôle de médecin; j'aurai occasion de vous parler encore de cette fille. Nous avons su qu'on exclut du nombre de ceux qui peuvent être touchés et guéris, tous les gens ayant des plaies, des maladies vénériennes ou cutanées. On venait de renvoyer le curé de Cutri, attaqué d'une paralysie, et la nommée *Prié*, de mon village, qui avait une tumeur au genou. Cette pauvre malheureuse, après avoir mal vécu pendant quelques jours à Buzanci, est retournée chez elle beaucoup plus malade que quand elle en est partie.

M. *de P**** ne vint au lieu de l'appareil qu'à onze heures; mais il s'était fait précéder par un dormeur, qui lui avait demandé la permission au château de tomber en crise. Il arriva en effet un homme, les yeux demi-fermés, qui vint s'asseoir sur une pierre : alors il fit mettre tous les malades en chaîne, c'est-à-dire tous accrochés par le pouce, et les convulsions du dormeur commencèrent. Pendant la crise, les malades chantent ordinairement le *Salve Regina.* La veille, on avait chanté *Lauda Sion Salvatorem.* Je n'ai pu savoir pourquoi on n'a rien chanté le dimanche.

L'homme qui était en crise est un Limousin âgé de quarante à quarante-cinq ans, très-vigoureux et velu jusqu'au bout des doigts. Le fonds de son tempérament est bilieux. Il y a un mois qu'il a quitté son métier, pour jouer le rôle de dormeur et de médecin. Je n'ai point perdu de vue le Limousin, pendant que mon compagnon s'assurait de son côté que les malades qui étaient en chaîne ne ressentaient aucune commotion, aucun effet. Je remarquai que le Limousin dormeur avait des convulsions feintes. Comme il avait le bras et le cou presque découverts, je n'aperçus aucun spasme, aucun soubresaut dans les veines, les muscles ou les nerfs; tous ses mouvemens étaient d'une pièce; il remuait le pied avec la cuisse, et dans des intervalles assez égaux, il faisait des soupirs, des contorsions qui semblaient devoir provoquer au vomissement, qui n'arriva pas. Son teint prit un peu de couleur; mais j'attribuai le rouge qui lui montait au visage à la chaleur excessive du tems, à l'agitation qu'il se donnait, et à la pression volontaire qu'éprouvaient les paupières pour tenir les yeux fermés. Il avait à côté de lui deux hommes qui écartaient les curieux, parce que la chute d'une feuille, le plus léger attouchement, fait tomber le dormeur dans des convulsions effroyables, et lui occasionne beaucoup de mal. Malgré les

Argus, et quoique je fusse rudement gourmandé, je vins à bout de toucher seize fois le Limousin, ou avec ma canne, ou avec la main, ou avec des corps étrangers que je pouvais lancer sur lui. Jamais il ne parut s'en apercevoir. Mon compagnon a fait la même expérience sur une dormeuse, dont je parlerai bientôt. Les deux hommes qui étaient près du Limousin, affectaient de répéter qu'il était bien mal que des gens sains fussent en chaîne, ce qui était vrai; alors le dormeur redoublait ses convulsions. Remarquez qu'il est de principe, que le dormeur est censé ne rien entendre de ce qu'on lui dit; il ne doit pas même se souvenir de ce qu'il a fait et dit pendant la crise; il n'y a que le grand-prêtre du lieu qui ait le pouvoir de lui parler et de le faire répondre.

Enfin à onze heures arriva M. *de P****; il entra dans le cercle; il toucha la fille du vinaigrier de Soissons; il lui imposa les mains sur la tête, le front et le cou; lui chatouilla légèrement les narines; lui pressa le sein de manière que les mamelons devaient nécessairement éprouver un léger frottement; il lui ferma les deux paupières avec les doigts; lui fit passer la verge de fer qu'il avait à la main sur la face, en la dirigeant depuis le sommet de la tête jusqu'au bas du sein. Quand la verge lui paraissait avoir perdu quelque chose de sa vertu, il la plongeait dans l'écorce de l'arbre, pour faire croire qu'il l'imprégnait, sans doute, d'un nouveau fluide. Cette opération dura au moins sept à huit minutes; ensuite il rabaissa la coiffe de la malade sur ses yeux, mais elle ne dormit pas : je l'ai interrogée depuis. M. *de P**** passa ensuite aux autres femmes, auxquelles il fit la même opération avec plus ou moins de cérémonie. On l'avertit alors que le Limousin paraissait être au bout de sa crise; il s'approcha de lui, passa les mains sur son visage, le frotta avec la verge de fer; le Limousin fit un bâillement, frotta ses yeux qui étaient fort rouges, dit qu'il avait beaucoup souffert, et fut se perdre dans la foule : je reviendrai sur cet homme. M. *de P**** s'avança ensuite vers le postillon, qui fut fort intimidé; il le pressa contre sa poitrine, lui imposa les mains à la manière des anciens, le fatigua long-tems, lui ferma les paupières; mais le malade les ouvrit un moment après, et parut n'avoir rien éprouvé autre chose que de la gêne et de la crainte.

M. *de P**** démêla parmi les malades deux hommes âgés d'environ cinquante ans, assis à côté l'un de l'autre; il n'eut pas de peine à les endormir. Ils restèrent à leur place; mais ils jouèrent si mal leur rôle, que l'artifice était à découvert. Il fit tomber en crise deux femmes âgées, et la *Catherine* dont j'ai déjà parlé. Celle-ci ne tarda point à avoir le visage fort rouge; elle avait été touchée assez long-tems. M. *de P**** prit alors sa verge de fer, et montrant la pointe aux dormeuses, sans les toucher, il les conduisit ainsi, les yeux fermés, sur trois chaises placées dans trois points du cercle. Alors tous les malades eurent la permission d'aller consulter les dormeuses devenues médecins.

Leur privilége est de deviner le siège de la maladie, d'indiquer le remède, de ne se souvenir de rien de ce qu'elles ont dit, quand elles sortent de crise. Voici la manière qu'elles emploient pour toucher. Le malade s'assied à côté de la dormeuse, qui peut alors parler et être touchée sans douleur. Elle passe le bras gauche derrière votre dos, en parcourant légèrement les vertèbres; vous vous penchez sur elle, et avec la main droite, elle tâte et parcourt le devant du corps depuis le sommet de la tête jusqu'au bas-ventre; elle s'arrête au siége du mal. Mes deux camarades et moi avons prêté une oreille bien attentive à ce genre de consultation, et je puis vous affirmer qu'il n'y a pas le sens commun, je répète, le sens commun dans leurs discours. Une de ces dormeuses a dit cinq fois à cinq malades différens, qu'il fallait prendre des médecines. Parmi ces malades, l'une avait sûrement un dépôt laiteux, les autres la fièvre et des maux d'estomac. La *Catherine*, qui, de l'aveu de M. *de P****, passe pour le meilleur médecin, conseille des médecines noires, des bains et de l'eau froide pour les yeux : elle avait tâté la veille, pendant assez long-tems, un moine, et lui avait annoncé que sa maladie était dans le bas-ventre; ce qui avait beaucoup fait rire les mécréans. Je vous fatiguerais à coup sûr, en vous rapportant toutes les inepties débitées par ces ridicules et très-indécens médecins. Je m'étois déjà aperçu que la *Catherine*, touchée par M. *de P****, éprouvait de légères convulsions, qui se manifestaient par un mouvement de genoux imperceptible, mais fréquent. Je m'en suis convaincu, en observant son abandon sur l'herbe. Observez que je vous parle d'une chlorotique....., que M. *de P**** est jeune.....; vous m'entendez sûrement.

M. *de P**** annonça que devant aller dîner à Chevreuse, il ne toucherait plus de malades. Il s'approcha des deux dormeurs et des trois dormeuses, leur passa la main sur le front, les yeux et le sein; alors ils parurent sortir d'un long assoupissement, et la *Catherine* fut se jeter sur le gazon, les yeux rouges, le teint allumé, disant à la multitude qu'elle n'avait pas dormi, qu'elle ne savait pas ce qu'on voulait lui dire. Ainsi finit cette plate et dangereuse comédie. Avant le départ de M. *de P****, on lui présenta plusieurs bouteilles d'eau puisée dans la fontaine qui se trouve au bas de l'orme en question; il les frotta avec sa verge de fer, introduisit le doigt par le goulot. J'ai bu de cette eau; elle a exactement le goût de celle qu'on puisse dans la fontaine : nous avons réitéré cette expérience.

Je n'aurais rempli que la moitié du but que je m'étais proposé, si j'avais perdu de vue pendant le reste de la journée l'appareil, les dormeurs et les malades. Mes compagnons et moi avons été dîner au bouchon du village, à six sous par tête. Quand on veut étudier le peuple, il faut le voir chez lui. J'ai été assez heureux pour rencontrer un malade et le Limousin; je n'ai pas fait difficulté de me placer au milieu d'eux : je vais vous rendre, le plus briévement possible, ma conversation, car je m'aperçois que cette lettre est déjà trop longue.

Monsieur, vous avez eu bien du mal aujourd'hui? — Il y avait trois ou quatre personnes qui riaient, et qui m'ont fait bien souffrir. — Quand vous êtes endormi, que ressentez-vous? — Mon sang va vite, vite, et je sens le mal de tout le monde. — Monseigneur le marquis pourrait-il me faire tomber en crise? j'ai des rétentions d'urine. — Sans la foi, tout ça est inutile; c'est la foi qu'il faut, et c'est un don de Dieu qu'a monseigneur. — Quand monseigneur le marquis n'y sera pas, comment fera-t-on? — J'ai le pouvoir. — Qu'appelez-vous le pouvoir? — Je viendrai tous les dimanches, j'embrasserai l'arbre et tomberai en crise. — J'irai encore embrasser l'arbre, c'est sûr. — Comment êtes-vous venu à Buzanci? — J'avais la fièvre; j'ai été guéri, parce que je suis tombé en crise, et monseigneur le marquis a eu soin de moi. — Tenez, monsieur, à présent il y a plus de dix personnes qui sont nourries au château; je suis sûr que monseigneur fait plus de 50 francs de charité par jour. — Où demeure la petite *Catherine?* — Au château : c'est une fille bien gentille; elle ne voyait rien : depuis qu'elle tombe en crise, elle est tout-à-fait guérie. — Monseigneur fait-il tomber en crise quand il veut? — Je vous ai dit qu'il faut la foi, et il pourrait bien arriver malheur à ceux qui se moqueraient. J'ai découvert, étant en crise, qu'il y avait un homme qui n'avait pas prié Dieu depuis huit jours, et qui n'avait pas prié pour monseigneur le marquis. Ce n'est pas que je m'en souvienne; mais on m'a dit que je l'avais dit, et c'était sûr. — J'ai entendu qu'on disait à une femme : Pourquoi n'êtes-vous pas en crise ? vous pouvez bien aller embrasser l'arbre et dormir. Elle a répondu : Monseigneur m'a ôté mes pouvoirs. — C'est vrai, monseigneur peut, quand il veut, empêcher de dormir en embrassant l'arbre. A travers toute cette conversation que j'abrège, s'était mêlé un malade nommé *Bactel*, garde de M. *de Muret*, ayant mal aux yeux depuis dix ans. Cet homme incurable, par des raisons trop longues à dire ici, nous assura qu'il guérirait s'il tombait en crise ; qu'il le désirait, et que si l'on avait chanté le *Salve regina*, il serait infailliblement tombé ; que quand M. le marquis l'avait approché il était tout ému. La fille du vinaigrier m'avait déjà dit, que quand M. *de P****** entrait dans le cercle, elle était prête à se trouver mal ; et le clerc de la poste de Soissons, qui était venu à Buzanci, comme curieux, a perdu connaissance, en voyant une femme en crise, tant les maladies de nerfs sont communicatives.

En voilà beaucoup plus qu'il n'en faut pour vous mettre au fait de ce qui se passe ici ; j'ai écrit ce que j'ai vu à la hâte, mais avec la franchise et la simplicité que vous me connaissez : je me suis gardé de mêler mes réflexions au récit que je vous fais. Si vous me demandez mon avis, voici mes réponses :

A-t-on persuadé à M. *de P**** qu'on lui donnait un secret, un agent inconnu; et mauvais physicien, croit-il à la cabale des juifs, aux neuvaines et à jéhova? Peut-être.

M. *de P**** trompé, cherche-t-il à tromper les autres, et pour réussir commence-t-il par la canaille, pour arriver aux honnêtes gens? Je n'en sais rien.

M. *de P**** dépense-t-il de l'argent pour répandre la science et la secte? Oui.

M. *de P**** a-t-il le don funeste d'assoupir une femme, de lui communiquer le talent de deviner la maladie d'un autre, en lui faisant sentir intérieurement par sympathie le siége du mal? Non, non, très-décidément non.

Un jeune homme prenant dans ses bras une femme aux nerfs irritables, peut-il, frictionnant les vertèbres, le diaphragme, l'estomac, les papilles du sein, la région ombilicale, occasionner une révolution dans le sujet qu'il masse, comme disent les Indiens? Oui sûrement; si l'imagination est frappée par la crainte et l'espoir, ou par un délire sensuel qu'aucun mot de notre langue ne peut rendre, c'est alors que le sujet éprouvera un abandon dangereux, et que le médecin pourra, avec une coupable audace.... je m'arrête.

Cette secte prendra parmi les femmes voluptueuses ou crédules ; c'est sûrement un malheur : mais je prévois que la capitale seule sera infectée de ces nouveaux mystères de la déesse de Syrie.

Depuis ma lettre écrite, il m'est venu, sur le mesmérisme que j'ai vu , une idée simple que je vais vous communiquer, et c'est à-peu-près à quoi se réduirait toute ma croyance mesmérienne.

On ne peut nier que l'aimant n'ait apaisé, dans bien des occasions, la rage de dent : voici l'explication de ce phénomène. Le tartre contient beaucoup de fer qui doit presser, brûler, déchirer le nerf, principe de la douleur. Un fort aimant, qui déplace ces parcelles infiniment petites, doit donc soulager, jusqu'à ce que la même cause ramène les mêmes effets.

Il est assez prouvé que les vingt-quatre livres de sang qui coulent dans nos veines contiennent trois onces de fer; c'est, si je me le rappelle bien , le résultat de l'analyse du sang , faite par l'Académie des Sciences. Le fer est le grand teinturier de la nature ; il colore les fleurs et le sang. Or, je suppose que l'on m'applique un aimant sur la poitrine ou sur l'estomac, n'est-il pas vrai que je fixerai dans cette partie une portion de fer qui circulait dans mes veines alors ? Il doit donc s'opérer une révolution. Plus les hommes seront maigres et sensibles, plus les particules de fer infiniment petites, mais enflammées et réunies, agiront avec force. Les gens replets, ayant communément la fibre plus molle, n'auront aucune sensation ; le soufre, l'aimant, les verges aimantées pourront être employées avec succès.

La science mesmérique, réduite à cette simplicité, n'est plus un secret ; c'est une expérience de physique. On peut la varier de mille manières différentes, et y ajouter même tous les lazzis du charlatanisme ; mais bientôt *Parangue*, *Bleton* et *Mesmer* marcheront sur la même ligne, et l'agent curatif si fort en vogue ne se dirigera pas plus aisément que les ballons aérostatiques.

Je suis, etc.

Cette lettre est insérée sans signature dans le *Conservateur*, à la suite du rapport secret des Commissaires. Elle a été écrite par un observateur instruit, judicieux et attentif. C'est bien dommage que cette idée, au moyen de laquelle il veut à la fin expliquer ces phénomènes, lui soit venue ; il déraisonne tout-à-fait. Il suffit, pour faire écrouler tout son système, de remarquer que le fer contenu dans le sang n'est point, dans cet état, attirable à l'aimant. — Il en est de même de l'explication du remède pour la rage de dents.

FIN.

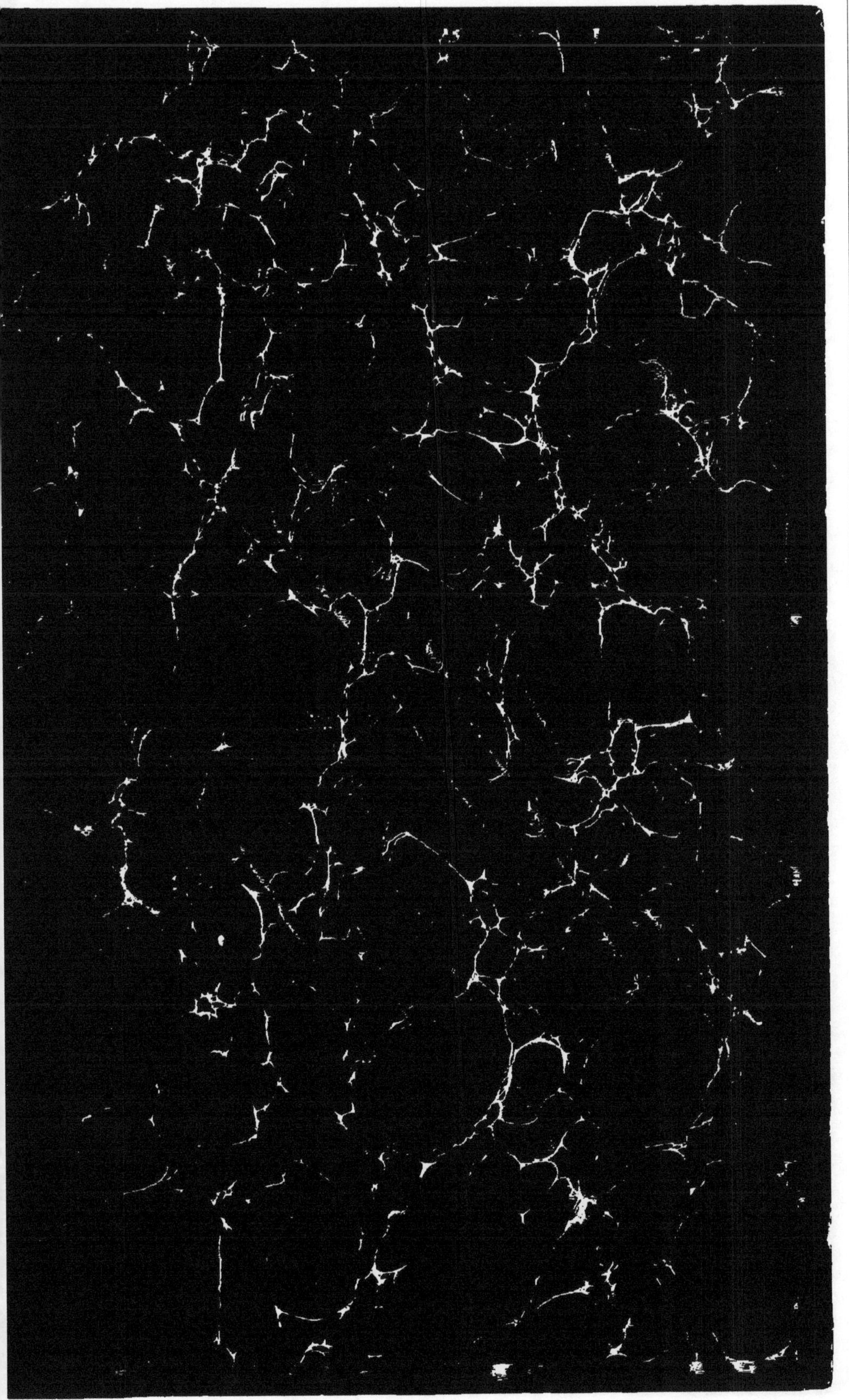